Arduino

程序设计与硬件搭建

樊胜民
樊　攀
张淑慧　编

U0387869

化学工业出版社

·北京·

内容简介

本书是学习和实践 Arduino 主板编程及硬件实现的一手资料，内容包括 Arduino 主板介绍、硬件介绍、49 个 Arduino 编程和硬件实现项目，还有 9 个拓展项目。每个项目由所需器材、硬件电路连接、设计电路、程序设计、编程要点等组成。

为了帮助读者理解，本书配有项目的详细讲解视频。

本书适合零基础电子制作的爱好者以及喜欢编程的读者学习，也可以作为学校课程、科技制作培训等指导用书。

图书在版编目（CIP）数据

Arduino程序设计与硬件搭建 / 樊胜民，樊攀，张淑慧编. —北京：化学工业出版社，2023.8（2024.9重印）
ISBN 978-7-122-43419-7

Ⅰ.① A… Ⅱ.①樊…②樊…③张… Ⅲ.①单片微型计算机 - 程序设计②单片微型计算机 - 硬件 - 设计 Ⅳ.① TP368.1

中国国家版本馆 CIP 数据核字（2023）第 077932 号

责任编辑：宋 辉 于成成
责任校对：宋 玮
装帧设计：王晓宇

出版发行：化学工业出版社（北京市东城区青年湖南街13号 邮政编码100011）
印　　刷：天津市银博印刷集团有限公司
装　　订：天津市银博印刷集团有限公司
710mm×1000mm 1/16 印张18 字数343千字
2024年9月北京第1版第2次印刷

购书咨询：010-64518888　　　　　　售后服务：010-64518899
网　　址：http://www.cip.com.cn
凡购买本书，如有缺损质量问题，本社销售中心负责调换。

定　　价：88.00元　　　　　　　　　　版权所有　违者必究

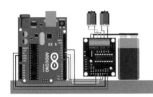

　　Arduino 是一款开源免费的软硬件平台，相比传统的单片机开发更简便快速。在 Arduino 平台不仅可以发挥自己的想象力，制作有创意的电子产品，锻炼动手能力；还能通过编程活跃思维能力，激发求知欲望，增强自信心与成就感。

　　本书包括以下内容。

　　第一章为基础知识。主要介绍 Arduino 开发平台基础知识，以及如何安装 Arduino IDE 软件。学习 Arduino 编程，不需要深奥的单片机编程知识，就能迅速上手，章末通过演示示例程序，让读者初步感知编程的魅力。

　　第二章为硬件基础。Arduino 制作中需要用到各种电子元器件，它们外形各异："身着五颜六色外衣"闪亮发光的 LED、"穿着条纹衣服"的电阻、"能说会道"的小喇叭、控制电流通断的小开关……通过本章学习，可以快速掌握 Arduino 主控板周边常见器材的工作原理与使用方法。

　　第三章为项目制作。本章从项目制作入手，全面讲解 Arduino 编程，让读者体验电子制作与编程的快乐，成为创客达人。每个项目由所需器材、硬件电路连接、设计电路、程序设计、编程要点等组成。

　　本书适合零基础电子制作的爱好者、喜欢编程的人员学习。也可用作学校课程、科技制作等培训指导书。

　　本书由樊胜民、张淑慧、樊攀编写，张玄烨、樊茵、李帅等为本书的编写提供了帮助，在此表示感谢。

　　由于编写时间仓促，书中不足之处在所难免，恳请读者批评指正！

　　读者如果在看书或制作中有不明白的地方，可以发邮件给我，邮箱：fsm0359@126.com。

　　最后顺祝各位读者朋友玩得开心！

樊胜民

目录
CONTENTS

Arduino
程序设计与硬件搭建

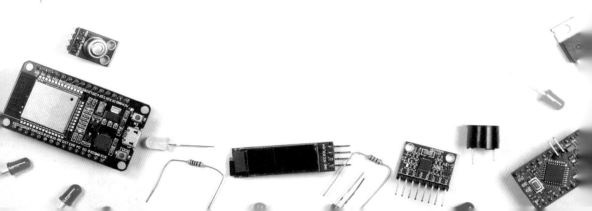

Arduino
程序设计与硬件搭建

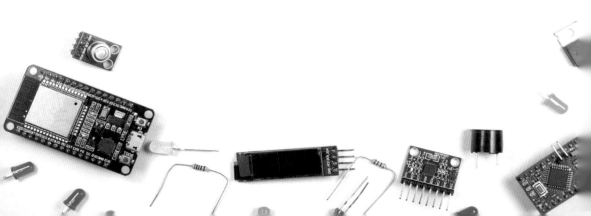

本书视频二维码目录

第一章

Arduino 兴趣制作准备工作

Arduino 主板可以完成很多有趣的实验，它可以接收常见传感器的输入信号，在程序中对检测到的信号发出指令，驱动 LED 或控制电机等实现自动控制。本章主要介绍 Arduino 开发平台基础知识。

第一节　Arduino 平台简介

Arduino 主板详解

Arduino 是一套包含硬件和软件并且开源的电子制作平台，具备 I/O（输入 / 输出）端口。硬件部分是 Arduino 主板，如图 1-1-1 所示；软件部分则是 Arduino IDE，如图 1-1-2 所示，属于编写程序的开发环境。在 Arduino IDE 中编写程序代码，校验无误后，将程序下载到 Arduino 主板的单片机中，程序便会告知 Arduino 主板要做什么工作。

图 1-1-1　Arduino UNO 主板（正背面）

```
sketch_apr11a | Arduino 1.8.19                    —    □    ×
文件 编辑 项目 工具 帮助

sketch_apr11a
void setup() {
  // put your setup code here, to run once:

}

void loop() {
  // put your main code here, to run repeatedly:

}

1                                                    Arduino Uno
```

ArduinoIDE 的安装

图 1-1-2　Arduino IDE 软件

　　本书主要讲解 Arduino UNO 主板的使用方法，所有编写的程序都是在 Arduino UNO 主板上实验，在掌握了 Arduino UNO 的开发技巧后，就可以轻松上手其他型号的主板。

第二节　安装 Arduino IDE

　　Arduino IDE 软件可以安装在 Windows、Mac、Linux 等操作系统中，因为本书的所有制作项目都是在 Windows 操作系统下开发完成的，所以本节演示安装 Arduino IDE 软件的安装环境是 Windows 10（64 位）操作系统。

　　硬件连接：将 USB 线一端连接电脑，另一端连接 Arduino UNO 主板。如图 1-2-1 所示。

图 1-2-1　Arduino 主板与电脑 USB 连接示意图

在 Arduino 官网上下载与自己电脑操作系统对应的版本软件（笔者编写本书时，Arduino IDE 1.8.19 是最新版本）。如图 1-2-2 所示。

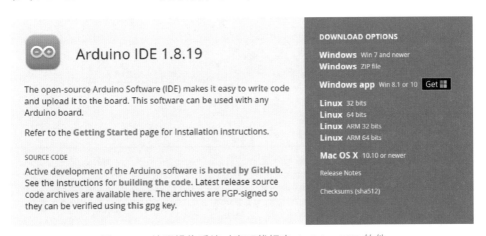

图 1-2-2　按照操作系统对应下载相应 Arduino IDE 软件

安装步骤如下所示。

① 双击下载安装包（arduino-1.8.19-windows），如图 1-2-3 所示。

② 安装开始，点击 "I Agree"，如图 1-2-4 所示。

③ 选择安装选项，如图 1-2-5 所示。一般情况下，默认全选。点击 "Next"。安装选项解释如表 1-2-1。

arduino-1.8.19-windows.exe

图 1-2-3　Arduino IDE 安装包

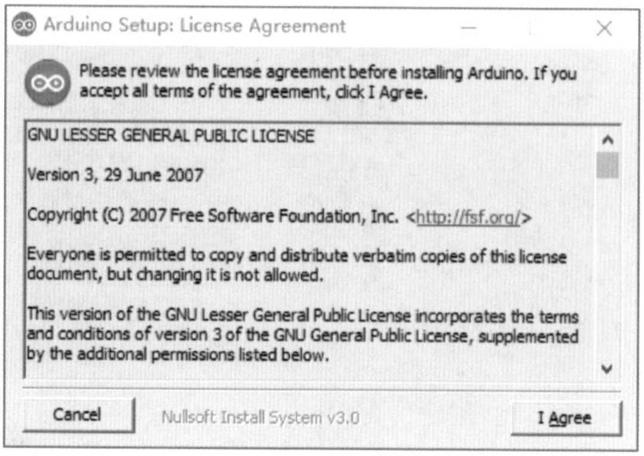

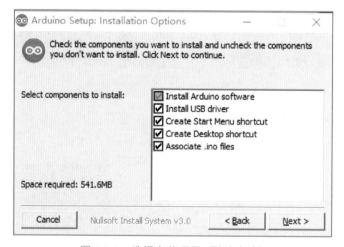

图 1-2-4　安装开始

图 1-2-5　选择安装项目（默认全选）

表 1-2-1　安装选项解释表

序号	安装选项	解释
1	Install Arduino software	安装 Arduino 软件
2	Install USB driver	安装 USB 驱动
3	Create Start Menu shortcut	创建开始菜单快捷方式
4	Create Desktop shortcut	创建桌面快捷方式
5	Associate .ino file	关联 .ino 文件

④ 选择安装目录，一般选择默认路径，点击"Install"。如图 1-2-6 所示。

⑤ 程序安装进度，如图 1-2-7 所示。

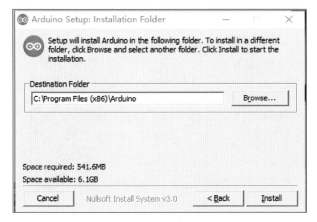

图 1-2-6　选择安装路径

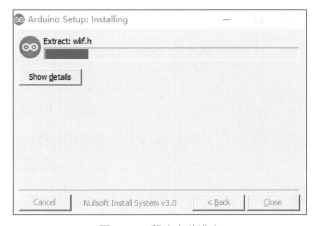

图 1-2-7　程序安装进度

⑥ 安装 USB 驱动，点击"安装"，如图 1-2-8 所示。

图 1-2-8　安装 USB 驱动

⑦ 程序安装完成，点击"close"，如图 1-2-9 所示。

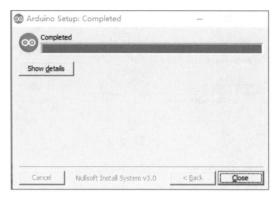

图 1-2-9　程序安装完成

⑧ 点击电脑设备管理器，查看 Arduino 主板的虚拟的串口号，串口号是电脑分配的，不同的电脑，显示的串口号数字可能是不同的，如图 1-2-10 所示。

图 1-2-10　虚拟串口号

第三节　Arduino IDE 功能介绍

鼠标双击 ，打开程序界面如图 1-3-1 所示。

图 1-3-1　Arduino IDE 软件界面

一、菜单栏

① 文件菜单，如图 1-3-2 所示。

图 1-3-2　文件菜单

最常用的是文件"打开"与"保存"，在打开 Arduino IDE 软件时，默认打开最近编辑的程序。在"首选项"中，可以设置程序的保存位置、语言、编辑器字体大小、输出时的详细信息等，如图 1-3-3 所示。

图 1-3-3　文件"首选项"设置

② 编辑菜单，如图 1-3-4 所示。

常用的编辑选项为"复原""重做""剪切""复制""粘贴""全选"和"查找"等。快捷方式：复制为 Ctrl+C、粘贴为 Ctrl+V、全选为 Ctrl+A、查找为 Ctrl+F。

③ 项目菜单，如图 1-3-5 所示。

图 1-3-4　编辑菜单

图 1-3-5　项目菜单

"验证 / 编译（Verify）"和工具栏中的编译相同。"上传"选项是使用 Arduino 引导装载程序来上传。

④ 工具栏菜单，如图 1-3-6 所示。

图 1-3-6　工具栏菜单

"自动格式化（Auto Format）"，可以整理代码的格式，包括缩进、括号，使程序更易读和规范。

"串口监视器（Serial Monitor）"，是非常实用而且常用的选项，如果要与 Arduino 主板通信，须使 Arduino 与电脑的串口波特率相同，两者才能够进行通信。

"端口"，选择虚拟的 COM，一般会自动检测，如图 1-3-7 所示。

"开发板"，用来选择串口连接的 Arduino 开发板型号。如图 1-3-8 所示。

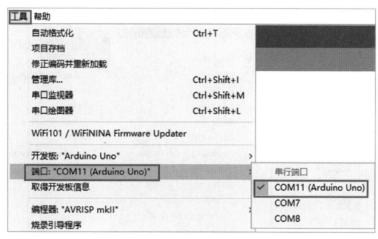

图 1-3-7　选择端口

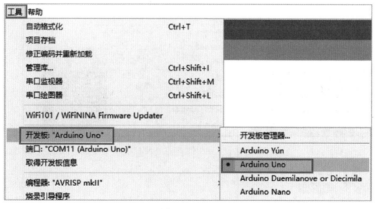

图 1-3-8　选择 Arduino 主板型号

⑤ 帮助菜单。

包括入门、故障排除、常见问题和访问 Arduino 官方网站的快速链接等。

二、工具栏

，从左到右依次对应验证（检查程序有无错误）、上传（将程序从电脑中下载到 Arduino 主板中）、新建、打开、保存程序。鼠标放置在相应的图标上，后侧会提示相应的汉字。

 为串口监视器（Serial Monitor）。

三、运行示例程序

如图 1-3-9 所示，依次打开"文件"—"示例"—"01.Basics"—"Blink"。

图 1-3-9　打开示例程序

弹出示例程序如下：

```
void setup( )
{
  //initialize digital pin LED_BUILTIN as an output.
  pinMode(LED_BUILTIN,OUTPUT);
}
//the loop function runs over and over again forever
void loop( ) {
  digitalWrite(LED_BUILTIN,HIGH);   //turn the LED on (HIGH is
```

```
                                                the voltage level)
  delay(1000);                            //wait for a second
  digitalWrite(LED_BUILTIN,LOW);          //turn the LED off by
                                            making the voltage LOW
  delay(1000);                            //wait for a second
}
```

点击验证：提示编译完成信息，如图 1-3-10 所示。

图 1-3-10　提示信息

点击上传：提示上传成功，如图 1-3-11 所示。

图 1-3-11　上传成功提示

知识加油站

linux 操作系统中 Arduino IDE 软件安装步骤：

① 在 linux 操作系统中，创建 Arduino IDE 下载目录。

// 进入到 tmp 目录

[root@localhost /]# cd tmp

// 创建 Arduino- 目录

[root@localhost tmp]# mkdir Arduino-

// 进入到新创建的 Arduino- 目录

[root@localhost tmp]# cd Arduino-

② 下载 arduino-1.8.19 软件

// 通过 "wget" 命令 + 下载地址，下载 Arduino IDE 程序。

[root@localhost Arduino-]# wget https://downloads.arduino.cc/arduino-1.8.19-linux64.tar.xz

下载过程如图 1-3-12 所示。

③ 查看下载的软件，如图 1-3-13（红色字体）。

```
[root@localhost Arduino-]# wget https://downloads.arduino.cc/arduino-1.8.19-linux64.tar.xz
--2022-02-12 14:28:01--  https://downloads.arduino.cc/arduino-1.8.19-linux64.tar.xz
Resolving downloads.arduino.cc (downloads.arduino.cc)... 104.18.28.45, 104.18.29.45, 2606:4700::6812:1c2d, ...
Connecting to downloads.arduino.cc (downloads.arduino.cc)|104.18.28.45|:443... connected.
HTTP request sent, awaiting response... 200 OK
Length: 128583740 (123M) [application/x-tar]
Saving to: ' arduino-1.8.19-linux64.tar.xz'

11% [=======>                                                  ] 14,584,053  1.83MB/s  eta 86s
```

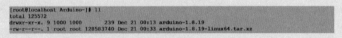

图 1-3-12 linux 正在下载 arduino-1.8.19 软件

```
[root@localhost Arduino-]# ll
total 125572
-rw-r--r--. 1 root root 128583740 Dec 21 00:33 arduino-1.8.19-linux64.tar.xz
```

图 1-3-13 查看下载 Arduino IDE

④ 通过命令“tar -xvf”解压文件 arduino-1.8.19-linux64.tar.xz。

```
[root@localhost Arduino-]# tar -xvf arduino-1.8.19-linux64.tar.xz
```

⑤ 查看 Arduino- 目录中的文件，如图 1-3-14。

```
[root@localhost Arduino-]# ll
total 125572
drwxr-xr-x. 9 1000 1000       239 Dec 21 00:13 arduino-1.8.19
-rw-r--r--. 1 root root 128583740 Dec 21 00:33 arduino-1.8.19-linux64.tar.xz
```

图 1-3-14 查看 Arduino- 目录文件

⑥ 通过“ls”命令，查看解压后 arduino-1.8.19 目录中文件，如图 1-3-15。

```
[root@localhost Arduino-]# cd arduino-1.8.19
[root@localhost arduino-1.8.19]# ls
arduino          arduino-linux-setup.sh  hardware    java  libraries      tools          uninstall.sh
arduino-builder  examples                install.sh  lib   revisions.txt  tools-builder
[root@localhost arduino-1.8.19]# 
```

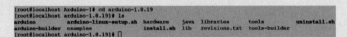

图 1-3-15 查看解压文件

⑦ 输入“arduino ./”运行 arduino 软件，如图 1-3-16。

```
[root@localhost arduino-1.8.19]# arduino ./
```

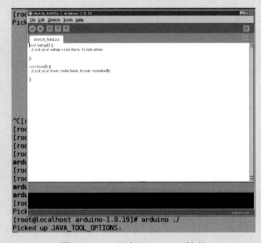

图 1-3-16 运行 arduino 软件

硬件基础

认识面包板与面包线

第一节　面包板与面包线

对于 Arduino 初学者，建议用面包板搭建电子制作平台，按照设计的电路图在面包板上插接电子元件。如果某个元件错了，拔下来重新插接，元器件可以重复利用。常见的面包板有三种，如图 2-1-1 所示，分别是 800 孔、400 孔、170 孔。

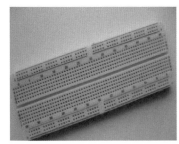

图 2-1-1　面包板

面包板小孔内含金属弹片，金属弹片质量好坏直接决定整块面包板的优劣，图 2-1-2 展示的是面包板的内部金属弹片结构。电子元件按照一定的规则（电路图）直接插在小孔内，借助面包线完成电路设计要求，演示制作效果。

面包板顶部与底部的红蓝两条线，是为了便于制作，红色线一般接电源的正极（VCC），蓝色线接电源的负极（GND）。800 孔面包板内部连线关系如图 2-1-3 所示。

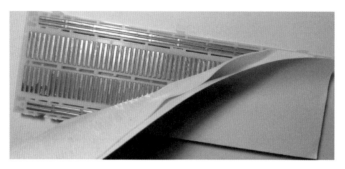

图 2-1-2　面包板内部金属弹片

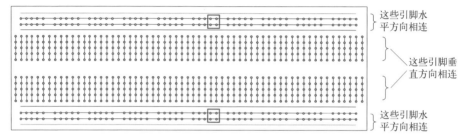

}这些引脚水平方向相连

}这些引脚垂直方向相连

}这些引脚水平方向相连

图 2-1-3　面包板内部连接示意图（有些面包板在图中矩形框内是断开的）

　　面包线的两端有大约 1cm 长的金属针，如图 2-1-4 所示，可以插到面包板的小孔内，与面包板内部的金属弹片相连。面包线与面包板连接，当用面包线插入到面包板时，面包线就被面包板内部的金属小弹片加紧，达到电路连接目的，如图 2-1-5 所示。

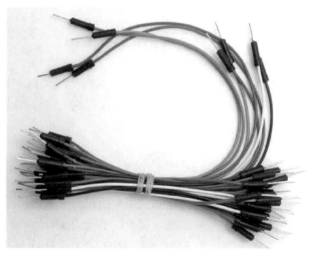

图 2-1-4　面包线

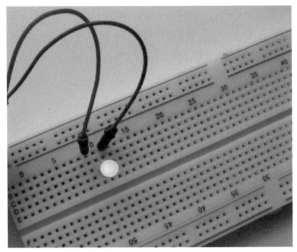

图 2-1-5　面板线与面包板连接

第二节　发光二极管

认识发光二极管

如今采用发光二极管（LED）的产品越来越多，例如 LED 手电筒、汽车大灯、装饰照明等等，如图 2-2-1 所示。

图 2-2-1　LED 的应用

从图 2-2-2 中可以看出 LED 有两个引脚，并且长短不一。

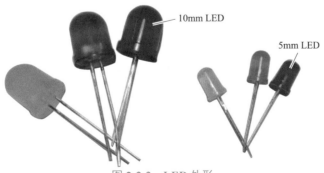

图 2-2-2　LED 外形

发光二极管的图形符号，如图 2-2-3 所示，用字母 LED 表示。

LED 属于半导体器件，在使用中需要区分正负极（也可以称为阳极与阴极）。一般 LED 长的引脚是正极，短的是负极，如图 2-2-4。

图 2-2-3　LED 图形符号　　　　　　图 2-2-4　LED 正负极

发光二极管导通发光的条件：发光二极管的正极接较高的电压，发光二极管的负极接较低的电压，并且加到发光二极管两端的电压以及电流要符合它的参数要求。5mm LED 电压：一般情况下红、黄颜色为 1.8 ～ 2.1V，绿的为 2.0 ～ 2.2V，白的一般为 3.0 ～ 3.6V；电流一般都不高于 20mA。

第三节　电阻

电阻器简称电阻，在电路中主要的作用是控制电流的大小，也就是降低电压限制电流，选择合适的电阻就可以将电流限制在要求的范围内。电阻在使用中没有正负极之分。

电阻如图 2-3-1 所示。

认识电阻

(a) 直插电阻　　　　　　(b) 贴片电阻　　　　　　(c) 标记阻值的电阻包

图 2-3-1　电阻

固定电阻图形符号如图 2-3-2，用字母 R 表示。

电阻单位是欧姆，简称欧（Ω），常用的单位还有千欧（kΩ），兆欧（MΩ）。

它们之间的换算关系如下：

$$1M\Omega=1000k\Omega；1k\Omega=1000\Omega$$

小功率的电阻一般在外壳上印制有色环，色环代表阻值以及误差。以五色环电阻讲解，如图 2-3-3 所示。

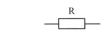

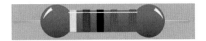

图 2-3-2　电阻的图形符号

图 2-3-3　五色环电阻

五色环电阻表示方法，如表 2-3-1 所示。

表 2-3-1　五色环电阻的表示方法

色环颜色	第一道色环	第二道色环	第三道色环	第四道色环	第五道色环
黑	0	0	0	10^0 （×1）	—
棕	1	1	1	10^1 （×10）	±1%
红	2	2	2	10^2 （×100）	±2%
橙	3	3	3	10^3 （×1000）	—
黄	4	4	4	10^4 （×10000）	—
绿	5	5	5	10^5 （×100000）	±0.5%
蓝	6	6	6	10^6 （×1000000）	±0.25%
紫	7	7	7	10^7 （×10000000）	±0.1%
灰	8	8	8	10^8 （×100000000）	—
白	9	9	9	10^9 （×1000000000）	—
金	—	—	—	10^{-1}	—
银	—	—	—	10^{-2}	—

对于五色环电阻，前三道色环表示有效数字，第四道色环表示添零的个数（也就是需要乘以 10 的几次方），第五道色环表示误差。计算出阻值的单位是欧姆。

比如一个电阻的色环分别是黄、紫、黑、棕、棕，对应的电阻是 470×10Ω，也就是 4.7kΩ，误差是 ±1%。

对于五色环电阻，大多用棕色表示误差，棕色色环是有效色环，还是误差色环，就要认真区分了。一般情况下，第四道色环与第五道色环之间的间距稍大，实在不能区分，只能借助万用表测量。

在电子制作中常用的电阻阻值与色环的对应关系如表 2-3-2。

表 2-3-2　常用电阻阻值与色环对应关系

阻值	第一道色环	第二道色环	第三道色环	第四道色环	第五道色环
100Ω	棕	黑	黑	黑	棕
470Ω	黄	紫	黑	黑	棕
1kΩ	棕	黑	黑	棕	棕
4.7kΩ	黄	紫	黑	棕	棕
10kΩ	棕	黑	黑	红	棕
47kΩ	黄	紫	黑	红	棕
100kΩ	棕	黑	黑	橙	棕
200kΩ	红	黑	黑	橙	棕
470kΩ	黄	紫	黑	橙	棕
1MΩ	棕	黑	黑	黄	棕

第四节　按键与蜂鸣器、扬声器

认识按键与蜂鸣器、扬声器

按键又名微动开关，鼠标的左右键就是两个按键，按压时电路导通，不按压时断开。常见的按键有四个引脚与两个引脚两种。按键的图形符号如图 2-4-1 所示，用字母 S 表示，外观如图 2-4-2 所示。

图 2-4-1　按键图形符号

图 2-4-2　按键

　　电磁式蜂鸣器分为有源蜂鸣器与无源蜂鸣器，这里的"源"不是指电源，而是指振荡源。有源蜂鸣器内部带震荡源，所以只要通电就会响，一般用于报警发声，按键提示音等。而无源内部不带震荡源，只能用 2kHz ～ 5kHz 的方波去驱动它，无源蜂鸣器的驱动方式与扬声器类似，可以播放音乐。

　　蜂鸣器的图形符号如图 2-4-3 所示。用 HA 表示。它有两个引脚，在使用中需要区分正负极，图 2-4-4 所示是有源蜂鸣器，长的引脚是正极。

图 2-4-3　蜂鸣器的图形符号　　　　　　　　　图 2-4-4　有源蜂鸣器

　　扬声器主要作用是将电信号转换为声音信号。本书中所用扬声器的外形如图 2-4-5 所示。

　　扬声器一共有两个引脚，在实验中常用的扬声器功率是 0.5W。扬声器图形符号如图 2-4-6 所示，用字母 BL（或 BP）表示。

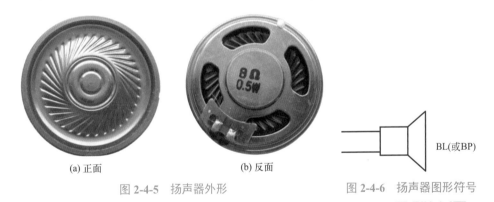

(a) 正面　　　　　　　　　(b) 反面

图 2-4-5　扬声器外形　　　　　　图 2-4-6　扬声器图形符号

第五节　电容

认识电容

　　电容是电容器的简称，它是一种能充放电储能的重要电子元器件，主要有两大类。

　　一类电容在使用中无极性之分（也就是在使用中不需要区分正负极）。比如独石电容、涤纶电容，无极性电容图形符号如图 2-5-1 所示，用字母 C 表示。独石电容有耐压与容量两个重要参数，在使用中必须在低于耐压的环境下使用，如图 2-5-2 所示。

图 2-5-1　无极性电容图形符号

图 2-5-2　独石电容（分别是 103、104、105）

独石电容标注 103，它的容量不是 103pF，而是 $10 \times 10^3 = 10000pF$，耐压值一般在整包的标签上标注。

还有一类电容，需要区分正负极，极性不能搞错，例如铝电解电容、钽电解电容。电解电容是极性电容，在使用中正极需要接到高电位，负极接低电位。对于新购的电容，未使用以前，引脚长的是正极，短的是负极，如图 2-5-3 所示。极性电容图形符号多了一个小"+"号，带"+"号的一端是正极，另一端是负极，也用字母 C 表示，如图 2-5-4 所示。

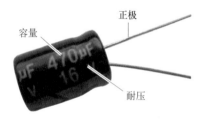

图 2-5-3　电解电容参数以及正负极

图 2-5-4　极性电容图形符号

电容容量的单位是法拉，简称法（F），但是此单位太大，常用的单位是微法（μF）、纳法（nF）、皮法（pF）。

它们之间的换算关系如下：

1F（法）$=10^6$μF（微法）；1μF（微法）$=10^6$pF（皮法）；1nF（纳法）$=10^3$pF（皮法）

第六节　Arduino UNO 主板接口详解

Arduino UNO 主板如图 2-6-1 所示，主要功能介绍如下。

① 复位按键

按下复位按键，程序从头开始，相当于电脑重启。

② TWI（SCL/SDA）接口

I²C接口，用于连接具备I²C协议的模块。SCL是用于同步数据的时钟引脚，与模拟引脚A5相连，SDA是用于传输数据的引脚，与模拟引脚A4相连。

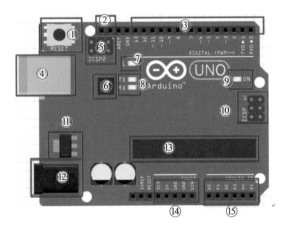

图 2-6-1　主板示意图

③数字输入/输出接口（其中3、5、6、9、10/11具备PWM功能），能提供40mA（5V），点亮LED没有问题，但是驱动电机就显得力不从心。

④USB电源接口

通过USB接口供电，同时具备与电脑之间串口通信功能，编写完毕的程序就是通过它下载到单片机中。

⑤烧写程序接口

给Atmega16u2下载程序，一般不用。

⑥Atmega16u2单片机

主要作用是将USB转换为串口，实现数据通信。

⑦可编程LED

该LED的正极与数字接口13引脚相连接，当13引脚为高电平时，LED点亮，当13引脚为低电平时，LED熄灭，刚开始学习Arduino的第一个程序就是控制它的点亮或者闪烁。

⑧串口发送/接收指示灯

TX：串口发送指示灯，当Arduino向电脑传输数据时点亮。

RX：串口接收指示灯，当Arduino接收电脑传输数据时点亮。

⑨电源指示

ON：电源指示灯，主板上电就点亮。

⑩烧写程序接口

给Atmega328下载程序，Arduino主板中事先写好了一些固有程序，一般不用。

⑪ 稳压芯片

将输入的电压稳定为 5V。

⑫ 外接电源接口

通过 DC 电源输入供电，供电电压 7 ～ 12V。

⑬ Atmega328 单片机

Arduino 主板的核心元件（Atmel 公司生产的 Atmega328 微控制器），编写完毕下载程序，然后按照要求工作。

⑭ 电源接口

3V3 输出电源接口：可以给外接模块等提供 3.3V 电压。

5V 输出电源接口：可以输出 5V 电压。

GND：电源负极。Arduino 共有 3 个 GND 引脚。

VIN 输入电源接口：与 DC 电源接口相连接。

⑮ 模拟接口

用于采集接收模拟量信号，具有 10 位分辨率。模拟量输入电压范围是 0 ～ 5V。模拟接口可以当数字接口使用。

一些不常用的接口介绍如下。

AREF：模拟输入参考电压输入端口，一般不用。

IOREF：与主板 5V 连接，用于检测输入或者输出端口电压的工作状态，告诉其他设备该主板的工作电压是 5V。

RESET: 功能与复位按键一样，之所以这样做，是因为如果不方便操作复位按键时，可以外接一个设备编写程序来实现自动复位功能。

Atmega328 单片机引脚与 Arduino 主板引脚对应见表 2-6-1。

表 2-6-1　Atmega328 芯片引脚与 Arduino 引脚对应表

Atmega328 引脚	Arduino 引脚功能	Atmega328 引脚	Arduino 引脚功能
1	Reset	8	GND
2	数字引脚 0（RX）	9	XTAL1(晶体振荡器)
3	数字引脚 1（TX）	10	XTAL2(晶体振荡器)
4	数字引脚 2	11	数字引脚 5
5	数字引脚 3	12	数字引脚 6
6	数字引脚 4	13	数字引脚 7
7	VCC	14	数字引脚 8

续表

Atmega328 引脚	Arduino 引脚功能	Atmega328 引脚	Arduino 引脚功能
15	数字引脚 9	22	AGND
16	数字引脚 10	23	模拟引脚 0
17	数字引脚 11	24	模拟引脚 1
18	数字引脚 12	25	模拟引脚 2
19	数字引脚 13	26	模拟引脚 3
20	AVCC	27	模拟引脚 4
21	AREF	28	模拟引脚 5

Arduino 主板几种供电方法，如图 2-6-2 所示。

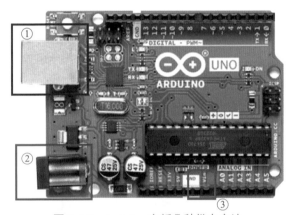

图 2-6-2　Arduino 主板几种供电方法

① 通过 USB 接口供电（直流电压 5V），如图 2-6-3 所示。
Arduino uno 主板 USB 接口，不仅仅用于供电，还用于给主板下载程序。
② 通过 DC 电源插座供电（直流电压 7 ～ 12V），如图 2-6-4 所示。

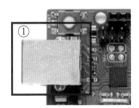

图 2-6-3　USB 供电

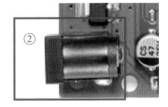

图 2-6-4　DC 电源插座供电

当电压小于 7V 时，主板运行不稳定，当电压高于 12V，有可能引起主板电子元器件损坏。

③ 通过 vin 引脚供电（直流电压 7 ～ 12V），如图 2-6-5 所示。

图 2-6-5　vin 引脚供电

> **注意**
>
> 　　当采用 USB 接口与 DC 电源插座同时给主板供电，USB 供电将自动切断，这是通过 Arduino 主板上专门设计电路实现的，如图 2-6-6 所示，USB 供电电流为 0，主板供电只从 DC 电源接口获取。

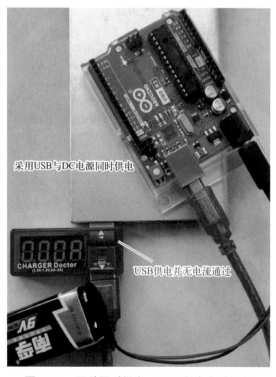

图 2-6-6　两种同时供电，USB 供电自动切断

第七节　焊接基础

在面包板上按照设计搭建好电子电路，经过调试无误，下一步要成为真正电子产品，就需要在洞洞板或者 PCB 板上焊接元器件。工欲善其器，必先利其器，在焊接之前，必要的工具都有哪些呢？

本书后面介绍的项目制作中，有部分制作器材例如 LCD1602，如图 2-7-1 所示，需要将排针焊接到电路板上，如图 2-7-2 所示，才能方便在面包板上插接使用。还有 WS1812 灯带供电引脚、数据接口也需要焊接到电路板。学习电子制作，焊接技能是必须掌握的基本功。

图 2-7-1　LCD 1602+ 排针

图 2-7-2　焊接好 LCD 1602 排针

一、必备工具

1. 电烙铁

电烙铁主要用于焊接元器件与导线，如图 2-7-3 所示。

图 2-7-3　电烙铁

电烙铁的功率有 20W、25W、30W、45W 等，焊接小元器件采用 35W 以下。如果选择电烙铁瓦数过低，焊锡不易熔化，像豆腐渣一样，易引起虚焊；瓦数过大，易损伤电子元器件，同时焊锡的流动变大，引起相邻引脚焊接在一起，引起短路故障。

在温度以及静电要求较高时，需要使用焊台，它可以控制烙铁头的温度，如图 2-7-4 所示。

图 2-7-4　焊台

不需要焊接时，要将电烙铁放在烙铁架上，以免烫伤或者引起火灾，如图 2-7-5 所示。

图 2-7-5　烙铁架

2. 焊锡丝

焊锡由 60% 的锡与 40% 的铅组成。在焊接电子元件时，电烙铁的高温将焊锡丝熔化，焊锡丝以作为填充物的金属加到电子元器件的表面和缝隙中，起固定电子元器件的作用。常见的焊锡丝如图 2-7-6 所示。

图 2-7-6　焊锡丝

由于焊锡丝中含有铅，铅是有毒的，在焊接时皮肤有可能会接触到铅，在焊接完毕需要及时洗手，洗脸。在焊接时，工作环境要通风良好，可以轻吹焊接部位，让烟气远离。

3.　松香

松香在焊接中作为助焊剂，起助焊作用。松香是最常用的助焊剂，它是中性的，不会腐蚀电路元件和烙铁头。松香如图 2-7-7 所示。

图 2-7-7　松香

在焊接时，用电烙铁头点一下松香，松香瞬间融化，说明温度合适，可以焊接。

4.　镊子

镊子是电子制作中经常使用的工具，可以用它夹持导线、元件、集成块等；还可以用镊子将元器件引脚整形，以便元器件插入电路板中。镊子外观如图 2-7-8 所示。

5. 斜口钳

斜口钳又名剪线钳，在电子制作中主要作用是剪断元器件引脚以及其他金属丝，外观如图 2-7-9 所示。

图 2-7-8 尖嘴镊子

图 2-7-9 斜口钳

二、焊接要领

新购回的电烙铁需要在烙铁头上镀一层焊锡才能使用，否则是无法焊接的。具体方法如下：

① 将电烙铁通电加热，待温度升高后，电烙铁头反复在松香中浸泡，去除氧化物，如图 2-7-10 所示。

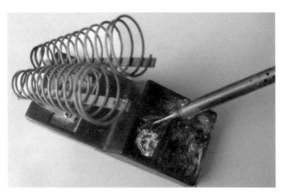
图 2-7-10 新烙铁去除氧化物

② 将电烙铁从松香中去除，焊锡丝放在烙铁头上，焊锡丝熔化均匀地涂在烙铁头上，如图 2-7-11 所示。

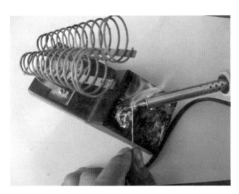

图 2-7-11　新烙铁上锡

③ 在焊接集成块时，电烙铁的感应电压有可能损坏元件，需要将电烙铁外壳可靠接地，或者断电利用电烙铁的预热焊接。

注意

　　刚开始学习焊接时，容易发生器材引脚焊点短路，导致制作失败，在焊接时一定要认真，手持电烙铁一定要稳定，不能摇晃，可以在洞洞板（如图 2-7-12 所示）上多练习。

图 2-7-12　洞洞板

第三章

项目制作

经过前面的学习，掌握了项目制作中的基础知识，你是否非常好奇，Arduino 到底能做些什么呢？本章从项目制作入手，全面讲解 Arduino 编程，让读者体验电子制作与编程的快乐，成为创客达人。本章有大量实用项目，比如温度采集并报警、创意制作计数红绿灯、蓝牙控制 LED 等等，是不是很期待呢？

创客之光

项目 1　创客之光

本项目中，通过编写程序点亮 LED，初次体验编程的魅力。同时在串口显示器打印："This is my first production（这是我的第一个制作）""Light up the light of makers（点亮创客之光）"。创客之光项目如图 3-1-1 所示。

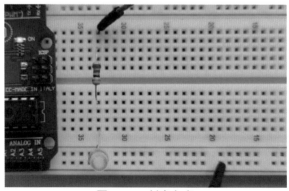

图 3-1-1　创客之光

一、所需器材

名称	数量与规格	图示
电阻	1×220Ω	
LED	1×5mm	或者　　　　　（颜色根据喜好选择）

二、硬件电路连接

（1）Arduino 与 LED 连接

Arduino	功能	发光二极管	功能
D13	数字接口	LED	正极通过 220Ω 电阻连接 D13
GND	负极	LED	负极连接 GND

（2）器材布局

如图 3-1-2 所示。

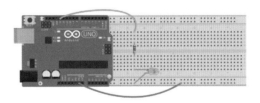

图 3-1-2　器材布局图

（3）实物布局

如图 3-1-3 所示。

图 3-1-3　实物布局图

三、设计电路

(1) 工作原理简介

通过编程控制 pin 13 引脚输出 +5V 或者 0V（GND）电压，经过限流电阻，电流流经 LED，从而点亮或者熄灭 LED。

(2) 电路原理图

如图 3-1-4 所示。

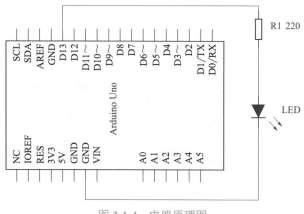

图 3-1-4　电路原理图

四、程序设计

```
void setup( )// 初始化函数
{
pinMode(13,OUTPUT);      // 数字引脚 13 设置为输出模式
Serial.begin(9600);      // 打开串口，设置传输速率为 9600bps
/*
串口打印 "This is my first production (这是我的第一个制作)"
"Light up the light of makers (点亮创客之光)"
*/
Serial.println("This is my first production (这是我的第一个制作)");
Serial.print("Light up the light of makers (点亮创客之光)");
}
void loop( ) //
{
    digitalWrite(13,HIGH);
}
```

在 Arduino IDE 程序中，点击如图 3-1-5 所示，红色框内"串口"显示器，串口打印如图 3-1-6 所示。

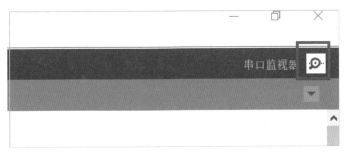

图 3-1-5　串口显示按钮

图 3-1-6　串口打印

五、编程要点

① "//" 之后的文字是对程序的解释与说明，在程序进行编译时，不参与编译，仅为便于阅读程序。

② /* 文字 */ 用于进行程序多行说明。

③ 编写程序用分号表示一句结束。

④ setup 函数

当 Arduino 程序开始运行时首先会调用 setup（　　）函数。在 setup（　　）函数中初始化变量、引脚状态等，setup（　　）函数中的语句执行一次。

格式：setup（　　）

{　}

作用：初始化变量、引脚输入输出以及串口配置。

⑤ pinMode（　　）函数

配置引脚模式，可以将引脚设置为 OUTPUT、INTPUT 模式。一般放在 setup（　　）函数中。

OUTPUT（输出）模式：当引脚设置为输出（OUTPUT）模式时，Arduino 可以向元器件提供电流（不超过 40mA），可以点亮 LED 或者驱动电机等等。

当引脚设置为输入（INPUT）模式时，该引脚可用于开关（高低电平）信号。设置 INPUT 模式需要在相应的 pin 接口，接上拉电阻（经典采用 10kΩ 电阻）。

格式：pinMode（pin，OUTPUT/INTPUT）

例如：pinMode（13，OUTPUT）；将 pin 13 配置为输出模式。

⑥ loop（　　）函数

当 Arduino 程序执行完 setup（　　）函数，进入 loop（　　）函数，它里面的语句循环执行。

格式：void loop（　　）

{　}

作用：重复执行大括号内的语句。

⑦ digitalWrite（　　）函数

将数字引脚编写为 HIGH（高电平）或 LOW（低电平）。

当 pinMode（　　）设置为输出模式（OUTPUT）时，通过 digitalWrite（　　）语句将该引脚设置为 HIGH（5V/ 高电平）或 LOW（0V/ 低电平）。

格式：digitalWrite（pin，HIGH/LOW）

⑧ Serial.begin（　　），串口初始化函数

在该项目中，Serial.begin 函数中设置了串口的波特率为 9600。

⑨ print（　　）、println（　　），串口输出打印函数

两者重要区别在于，println（　　）比 print（　　）多了换行功能。

打印多个字符需要用双引号，单个字符用单引号。

⑩ 在英文字符下编写程序。比如语句结束是英文分号，而不是中文分号，否则无法编译通过。

项目拓展　一闪一闪亮晶晶

明白了点亮 LED 的条件之后，如何通过编写程序实现 LED 一闪一闪亮晶晶呢？ digitalWrite（13，HIGH），可以点亮 LED，那么熄灭 LED，可以编写 digitalWrite（13，LOW）；在点亮与熄灭 LED 都延时一段时间，即可实现 LED 闪烁效果。本项目 LED 间隔 1s 闪烁，好似星星一闪一闪。可以修改延时时间长短，演示不同的闪烁效果。

一、程序设计

```
void setup( )
  {
    pinMode(13,OUTPUT);              // 数字引脚 13 设置为输出模式
    Serial.begin(9600);              // 打开串口，设置传输速率为 9600bps
    Serial.print( "一闪一闪亮晶晶");    // 串口打印
  }
void loop( )
  {
  digitalWrite(13,HIGH);             // 点亮 LED
  delay(500);                        // 延时 0.5s
  digitalWrite(13,LOW);              // 熄灭 LED
  delay(500);                        // 延时 0.5s
  }
```

二、编程要点

delay（　　）是延时函数，delay（500），代表延时 0.5s，可以修改 delay
（　　）函数中的数值，实现等待时间的变化。

 知识拓展　发光二极管 LED 两端如果长时间接在 5V 电压环境下，极可能烧坏，解决办法就是在电路中串接电阻，电阻阻值的大小根据欧姆定律计算。比如 LED 的工作电压是 2V，电流是 20mA，限流电阻 R=（5-2）V/0.02A=150Ω，150Ω电阻是非标的，电路中串联 220Ω电阻，LED 即可平安无事，放心地工作了。如图 3-1-7 所示，开关中 2、3 引脚连接，LED 没有电流通过，LED 熄灭，开关引脚 1、2 连接，LED 有电流通过，LED 点亮。电路图中⊥表示接电源的负极。⊥⁺⁵ᵛ 表示接电源的 +5V。

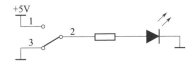

图 3-1-7　限流电阻重要性

项目 2 呼吸灯

呼吸灯广泛应用于电子产品中，比如在手机中，当有未读的短信或者未接来电，呼吸灯就会从暗到亮又从亮到暗，非常像呼吸，起到通知提醒作用，故名呼吸灯。

当采用 6V 电源（比如两个 CR2032 电池串联）点亮 LED 时，在电路中分别接入 100kΩ、47kΩ、10kΩ、1kΩ、470Ω 电阻（电阻作用：降压限流），观察 LED 的亮度，一定要记住 6V 电源不要直接与 LED 相连，否则 LED 就要被损坏了，如图 3-2-1 所示。

呼吸灯

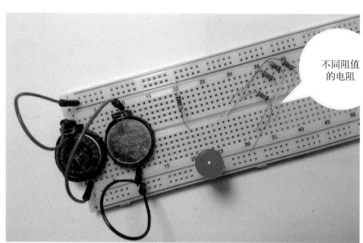

图 3-2-1　LED 串接不同电阻实现亮度控制

当学习 Arduino 编程后，就可以利用 I/O 数字接口输出模拟 0 ～ 5V 电压，控制 LED 亮度（达到串联不同电阻的效果）。实现这种效果是 PWM 功能，Arduino 数字引脚标注～（3、5、6、9、10、11）都可以通过编程来达到 PWM 功能。

一、所需器材

名称	数量与规格	图示
电阻	1×220Ω	
LED	1×5mm	

二、硬件电路连接

（1）Arduino 与 LED 连接

Arduino	功能	发光二极管	功能
D11	数字接口	LED	正极通过 220Ω 电阻连接
GND	负极	LED	负极连接 GND

（2）器材布局

如图 3-2-2 所示。

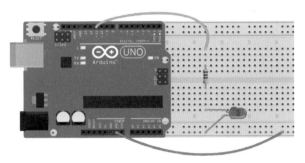

图 3-2-2 器材布局图

（3）实物布局

如图 3-2-3 所示。

图 3-2-3 实物布局图

三、设计电路

参考项目一：创客之光

四、程序设计

```
void setup( )
{
  Serial.begin(9600);            // 串口初始化函数
  Serial.println(" 呼吸灯 ");     // 在串口中打印程序名
}
void loop( )
{
  for (int i=0;i < 256;i++)
  {
    analogWrite(11,i);
    Serial.println(i);           // 在串口中打印变量 i
    delay(10);
  }
  for (int i=255;i > 0;i--)
  {
    analogWrite(11,i);
    Serial.println(i);           // 在串口中打印变量 i
    delay(10);
  }
  delay(500);
}
```

五、编程要点

① 当使用 PWM 功能，在 steup 函数中，可以不定义数字接口输出方式。不用编写 pinMode（11，OUTPUT）。

② 函数 analogWrite（   ）

格式 analogWrite（pin，val），pin 只能是（3、5、6、9、10、11）6 个引脚，变量 val 取值范围 0 ～ 255。

③ for 语句

格式：for（表达式 1；表达式 2；表达式 3）

{

语句（内部可以为空）；

}

运行步骤：

第一步：求解表达式 1；

第二步：求解表达式 2，若其值为真（非 0 即真），则执行 for 中的语句，然后求解表达式 3；否则跳出 for 语句，不执行第三步。

重复步骤二。

注意

三个表达式之间用分号隔开；三个表达式位置不能互换。

举例说明：

以下是一个简单的延时函数

```
for (i=2;i>0;i--){    };
```

第一步：执行 i=2；

第二步：2＞0，执行 for 中的语句，因为 for 中的语句为空，所以什么也不执行；

第三步：i-- = i-1 =2-1=1；

第四步：跳到第二步，1＞0，执行 for 中的语句为空，所以什么也不执行；

第五步：1-1=0；

第六步：跳到第二步，0＞0 条件不成立；结束 for 语句。

如还是不清楚的话，可通过以下程序来加深理解，在 loop（   ）函数最后加上以下语句：

```
for (;;) {    }                        // 无限循环
```

程序运行完毕，观察 LED 闪烁次数，之后执行 for（；；）{ }，无限循环。同时通过串口显示执行次数，如图 3-2-4 所示。

```
void setup(    )
{
  pinMode(11,OUTPUT);
  Serial.begin(9600);                 // 串口初始化函数
  Serial.println("test-for 语句 ");
}
void loop (    )
{
  for (int i=1 + 0;i <3;i++)  //i++=i+1
  {
    digitalWrite(11,1);               //1 等同于 HIGH
    Serial.print(i);                  // 在串口中打印变量 i
    Serial.println(" 次闪烁 ");        // 在串口中打印变量 " 次闪烁 "
    delay(1000);
```

```
   digitalWrite(11,0);              //0 等同于 LOW
   delay(1000);
 }
 for (;;) {    }                   // 无限循环
}
```

图 3-2-4　串口显示 LED 闪烁次数

知识拓展

（1）PWM 功能介绍

函数 analogWrite（　　　）主要作用，就是给带有～的数字端口写入一个模拟值，控制 LED 的亮度变化或者电机的转速。如图 3-2-5 所示，如需要 pin 3 输出 2.5V 电压，编写 analogWrite（3，127）就可以了。读者可能说用电阻分压就可以，没错，但如果设计一个电路让一个端口依次循环输出 2.5V、3V 、5V，仅仅用硬件电路就困难了，这时候就是 PWM 大显身手的时候了。占空比：高电平与低电平持续时间之比。

（2）常见运算符

符号	说明	举例
＜	小于	a<b
＞	大于	a>b
＜＝	小于等于	a<=b
＞＝	大于等于	a>=b
＝＝	等于	a==b
!=	不等于	a!=b

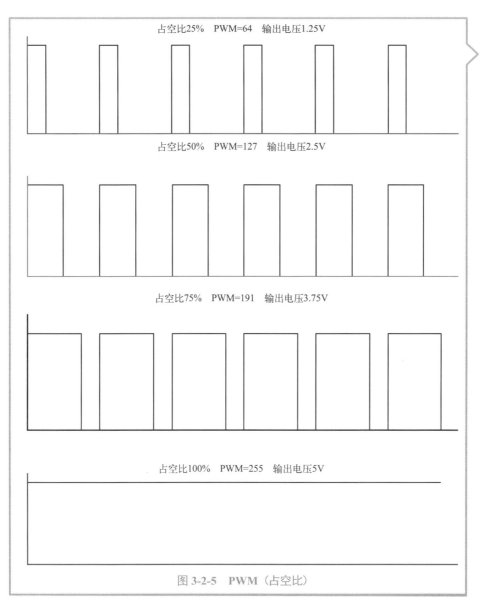

图 3-2-5　PWM（占空比）

项目 3　串口打印输入模拟量

串口打印输入
模拟量

Arduino 串口通信时占用数字接口 pin0、pin1，在制作中尽量不要用这两个引脚，否则容易引起程序下载失败。串口打印输入模拟量项目通过采集电位器模拟信号，并根据采集得到模拟量数值区间点亮不同颜色的 LED。串口打印输入模拟量如图 3-3-1 所示。

图 3-3-1　串口打印输入模拟量

一、所需器材

名称	数量与规格	图示
电阻	3×220Ω	
LED	1×5mm	
LED	1×5mm	
LED	1×5mm	
RP	1×10kΩ	

可调电阻

与固定电阻相对应的还有可调电阻，它的阻值可变，又称之为可变电阻器。可调电阻图形符号如图 3-3-2 所示，用字母 RP 表示。

常见的可调电阻外观，如图 3-3-3 所示。

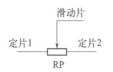

图 3-3-2　可调电阻的图形符号

图 3-3-3　蓝白卧式可调电阻

电位器是可调电阻的一种，如图 3-3-4 所示。外观标注 100K 代表它的电阻可调范围是 0 ～ 100kΩ。

图 3-3-4　电位器

电位器在电路中接成分压形式，如图 3-3-5，LED 两端的电压就是电位器滑动臂与电源负极之间的电压，当这段电阻阻值越大的时候，两端电压也越大，LED 也就越亮。当滑动臂滑到 a 端，电位器分压电压达到最大值。

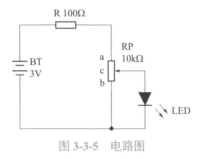

图 3-3-5　电路图

二、硬件电路连接

（1）Arduino 与 LED 连接

Arduino	功能	发光二极管	功能
D8	数字接口	红 LED	正极通过 220Ω 电阻连接
D9	数字接口	绿 LED	正极通过 220Ω 电阻连接
D10	数字接口	黄 LED	正极通过 220Ω 电阻连接

（2）Arduino 与电位器连接

Arduino	功能	电位器	功能
+5V	正极	a	与 Arduino 正极连接

Arduino	功能	电位器	功能
GND	负极	b	与 Arduino 负极连接
A0	模拟量输入	c	与 Arduino 与模拟接口 A0 连接

（3）器材布局

如图 3-3-6 所示。

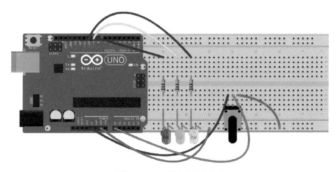

图 3-3-6　器材布局图

（4）实物布局

如图 3-3-7 所示。

图 3-3-7　实物布局图

三、设计电路

（1）工作原理简介

通过调节电位器，将 0 ～ 5V 的电压信号输入到模拟量 A0 引脚，对应输出 0 ～ 1023 数值，在串口显示器中打印该数值。

当数值大于 800 时，红色 LED 点亮。

当数值在 500 ～ 800 之间，绿色 LED 点亮。

当数值小于 500 时，黄色 LED 点亮。

（2）电路原理图

如图 3-3-8 所示。

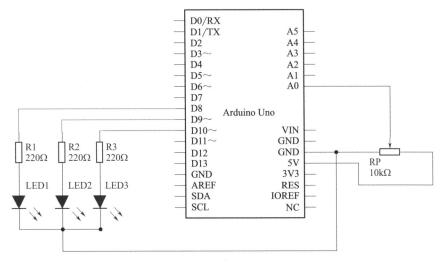

图 3-3-8　电路原理图

四、程序设计

```
int RP=A0;                                    // 电位器接口
int redLed=8;
int greenLed=9;
int yellowLed=10;
void setup( )
{
  Serial.begin(9600);
  pinMode(redLed,OUTPUT);
  pinMode(greenLed,OUTPUT);
  pinMode(yellowLed,OUTPUT);
}
void loop( )
{
  int val=analogRead(RP);
  Serial.println(val);
  delay(1000);
  if (val > 800)                             // 红色 LED 点亮
```

```
  {
    digitalWrite(redLed,HIGH);
    digitalWrite(greenLed,LOW);
    digitalWrite(yellowLed,LOW);
    Serial.println(" 红色 LED 点亮 ");
  }
  else if (val <= 800 && val > 500 )          // 绿色 LED 点亮
  {
    digitalWrite(greenLed,HIGH);
    digitalWrite(redLed,LOW);
    digitalWrite(yellowLed ,LOW);
    Serial.println(" 绿色 LED 点亮 ");
  }
  else if (val <=500 )
  {
    digitalWrite(yellowLed,HIGH);               // 黄色 LED 点亮
    digitalWrite(greenLed,LOW);
    digitalWrite(redLed,LOW);
    Serial.println(" 黄色 LED 点亮 ");
  }
}
```

串口打印输出状态，如图 3-3-9 所示。

图 3-3-9   串口输出

五、编程要点

analogRead（　　）

从 Arduino 的模拟输入引脚读取数值，范围是 0～1023。Arduino 可以将 0～5V 的电压输入信号映射到数值为 0～1023。注意：在模拟输入引脚没有任何连接的情况下，用 analogRead（　　）指令读取该引脚，返回值为不固定的数值。

示例：val = analogRead（A0）；

项目 4　串口输入控制 LED 状态

实现功能

本项目介绍串口输入功能，键盘输入字母或者数字，可以控制 LED 状态。本项目采用 Arduino UNO 主板集成的 LED（与数字引脚 13 连接）进行项目制作。

功能：

串口输入数字 1，回车，LED 点亮，同时串口打印 "Turn on the light- 打开灯光"

串口输入数字 2，回车，LED 熄灭，同时串口打印 "Turn off the light- 关闭灯光"

串口输入数字 3，回车，LED 闪烁三次，同时串口打印 "Flashing light- 灯光闪烁"

一、程序设计

```
int LED=13;
void setup(   )
{
  Serial.begin(9600);
  pinMode(LED,OUTPUT);
  digitalWrite(LED ,LOW);
}
void loop(   )
{
  if (Serial.available(  ) > 0)      // 判断串口是否有数据
  {
```

```
char c=Serial.read( );                    // 从串口读入数据并且赋值变量 c
if (c=='1')
{
  digitalWrite(LED ,HIGH);
  Serial.println("Turn on the light- 打开灯光 ");
}
else if (c=='2')
{
  digitalWrite(LED ,LOW);
  Serial.println("Turn off the light- 关闭灯光 ");
}
else if (c=='3')
{
  Serial.println("Flashing light- 灯光闪烁 ");
  for(int i=0;i<4;i++)// 闪烁
  {
  digitalWrite(LED ,HIGH);
  delay(500);
  digitalWrite(LED ,LOW);
  delay(500);
  }
}
}
}
```

串口输出状态如图 3-4-1 所示。

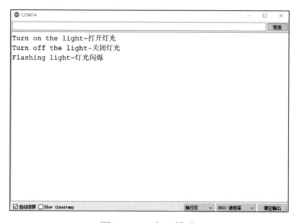

图 3-4-1　串口输出

二、编程要点

Serial.available（　　）：一般用这个函数来判断串口的缓冲区有无数据。

当 Serial.available（　　）>0 时，说明串口接收到了数据，然后使用函数 Serial.read（　　）读取数据。

项目拓展 1　调光 LED

一、所需器材

名称	数量与规格	图示
电阻	1×220Ω	
LED	1×5mm	
RP	1×10kΩ	

二、硬件电路连接

（1）Arduino 与 LED 连接

Arduino	功能	发光二极管	功能
D3	数字接口	LED	正极通过 220Ω 电阻连接

（2）Arduino 与电位器连接

Arduino	功能	电位器	功能
+5V	正极	a	与 Arduino 正极连接
GND	负极	b	与 Arduino 负极连接
A0	模拟量输入	c	与 Arduino 与模拟接口 A0 连接

（3）实物布局

如图 3-4-2 所示。

图 3-4-2　实物布局图

三、电路连接

（1）工作原理简介

通过程序读取模拟量数值，并且采用 PWM 调节 LED 的亮度。由于 A0 读取模拟量的数值是 0 ～ 1023，但是 PWM 的参数是 0 ～ 255，解决办法其一是将读取的模拟量除以 4，其二采用 map 函数。通过调节电位器旋钮，可以调节 LED 光强度。

（2）电路原理图

如图 3-4-3 所示。

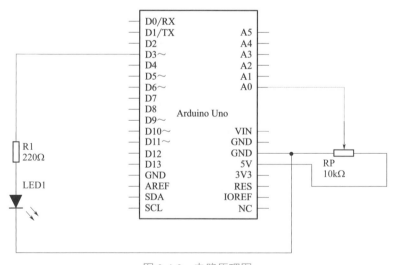

图 3-4-3　电路原理图

四、程序设计

程序 1

```
int blueLed=3;                          // 定义 LED 连接引脚
void setup(    )
{
  Serial.begin(9600);
}
void loop(    )
{
  int val=analogRead(A0);               //A0 连接电位器
  Serial.print(" 模拟量 val:");
  Serial.println(val);
  int i=val / 4;
  Serial.print(" 模拟量 i:");
  Serial.println(i);
  analogWrite(blueLed,i);
  delay(1000);
}
```

串口输出，如图 3-4-4 所示。

图 3-4-4　串口输出

程序 2（采用 map 函数）

```
int blueLed=3;                          // 定义 LED 连接引脚
```

```
void setup(  )
{
  Serial.begin(9600);
}
void loop(  )
{
  int val=analogRead(A0);                       //A0 连接电位器
  Serial.print(" 模拟量 val:");
  Serial.println(val);
  int i=map(val,0,1023,0,255);                  //map 函数
  Serial.print(" 模拟量 i:");
  Serial.println(i);
  analogWrite(blueLed,i);
  delay(1000);
}
```

串口输出，如图 3-4-5 所示。

图 3-4-5　串口输出

五、编程要点

等比映射函数 map（　　　）

函数格式：map（value，fromLow，fromHigh，toLow，toHigh）

value 是需要映射的数值，将 value 变量依照 fromLow 与 fromHigh 范围，

对等转换至 toLow 与 toHigh 范围。

例如 int num = map（val，0，1023，0，4）将 val 所读取数字对等转换至
0～4之间的数值。

项目拓展 2 串口绘图器

实现功能

当串口打印的数据比较多时，串口监视器数据滚动不容易看清楚，通过串
口绘图器就可以清晰表达出来。

程序设计

```
void setup(  )
{
    Serial.begin(9600);
}
void loop(   )
{
  for(int i=0;i<=50;i++)
  {
    Serial.println(i);
    delay(100);
    }
for(int i=50;i>=0;i--)
  {
    Serial.println(i);
    delay(100);
    }
  delay(1000);
}
```

程序上传后，在串口监视器中，查看输出数据间隔100ms滚动，如图3-4-6
所示。

关闭串口监视器，在工具选择菜单中选择串口绘图器，如图3-4-7
所示。

串口绘图器显示图形如图3-4-8所示。

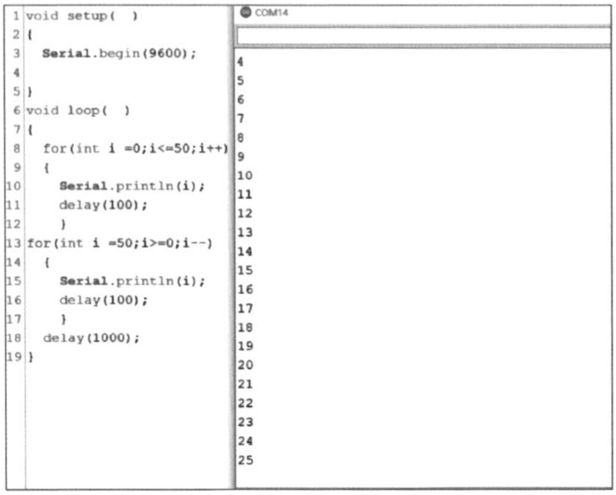

```
 1  void setup( )
 2  {
 3    Serial.begin(9600);
 4
 5  }
 6  void loop( )
 7  {
 8    for(int i =0;i<=50;i++)
 9    {
10      Serial.println(i);
11      delay(100);
12      }
13  for(int i =50;i>=0;i--)
14    {
15      Serial.println(i);
16      delay(100);
17      }
18    delay(1000);
19  }
```

图 3-4-6 串口输出

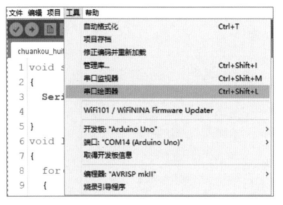

图 3-4-7 串口绘图器

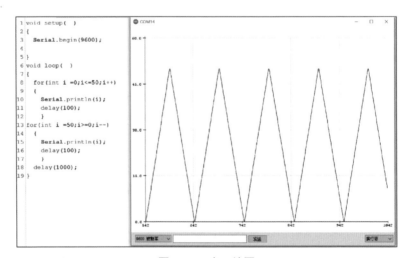

图 3-4-8 串口绘图

一般在 setup（　　）函数中，采用 Serial.begin（　　）函数进行初始化，设置波特率参数，当程序中波特率设置为 9600（默认值）时，串口监视器中波特率也要设置为 9600，才能确保正常通信。

串口监视器设置波特率的步骤如下。

步骤 1：双击 Arduino IDE 软件，打开串口监视器，如图 3-4-9 所示。

图 3-4-9　打开串口监视器

步骤 2：如图 3-4-10 所示，选择波特率（默认也是 9600）。

图 3-4-10　选择波特率

项目 5　SOS 求救信号灯

SOS 国际求救信号方式是三短三长三短，其原理是根据摩尔斯电码，字母"S"用 3 个点表示，用短闪烁代表；字母"O"用 3 个横杠表示，用长闪烁代表。SOS 求救信号灯如图 3-5-1 所示。

SOS 求救信号灯

实现功能

LED 能按照"三短三长三短"节奏闪烁。

图 3-5-1　SOS 求救信号灯高清图

一、所需器材

名称	数量与规格	图示
电阻	1×220Ω	
LED	1×5mm	

二、硬件电路连接

（1）Arduino 与 LED 连接

Arduino	功能	发光二极管	功能
D11	数字接口	LED	通过 220Ω 电阻连接正极
GND	负极	LED	负极连接 GND

（2）器材布局

如图 3-5-2 所示。

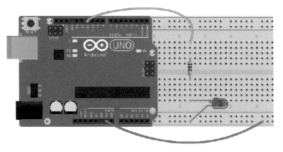

图 3-5-2　器材布局图

三、设计电路

参考项目一：创客之光

四、程序设计

```
int LED=11 ;
void setup(  )
  {
    pinMode(11,OUTPUT);
  }


void loop(  )
  {
    for(int i=0;i<3;i++)
      {
      /* 表示字母 "s"*/
      digitalWrite(LED,HIGH);
      delay(150);
      digitalWrite(LED,LOW);
      delay(150);
      }
      delay(100);                    // 短暂延时
      /* 表示字母 "o"*/
    for(int i=0;i<3;i++)
      {
      digitalWrite(LED,HIGH);
      delay(400);
      digitalWrite(LED,LOW);
      delay(400);
      }
      delay(100);                    // 短暂延时
      /* 表示字母 "s"*/
    for(int i=0;i<3;i++)
      {
      digitalWrite(LED,HIGH);
```

```
        delay(150);
        digitalWrite(LED,LOW);
        delay(150);
        }
        delay(1000);                    //"sos" 之间间隔 5s
    }
```

五、编程要点

变量：int LED = 11；"LED"也可以改为其他名字，只要不与编程语言中的关键字相同就行，例如 loop，因为它们在发明的时候就被占用了。LED 是变量，在后续的编程中用 LED 代替 11 这个整数。int 是变量的类型，它可以表示一个在 −32768 到 32768 之间的整数。

项目拓展 1　能变化闪烁频率的 LED

实现功能
LED 闪烁频率会变化。

能变化闪烁
频率的 LED

一、器材布局、电路图

参考项目一：创客之光。

二、程序设计

```
int LED=11;                    // 定义变量 LED 连接 pin 11
int dengDai=100;               // 定义变量 dengDai, 并且初始值为 100
void setup( )
{
  pinMode(LED,OUTPUT);
}
void loop( )
{
  digitalWrite(LED,HIGH);      //pin 11 输出高电平
  delay(dengDai);
  digitalWrite(LED,LOW);       //pin 11 输出低电平
  delay(dengDai);
  dengDai=dengDai + 100;
```

```
if (dengDai >=1000)              // 当大于等于 1000 时，程序跳转至大括号
{
  dengDai=100;                   // 重新赋值 100
}
}
```

三、编程要点

① dengDai = dengDai + 100;

程序每循环一次，变量加 100。

② if 语句

格式一：

if（表达式）{ 语句 1；语句 2；}

运行步骤：如果表达式为"真"，则执行语句 1 和语句 2，如果为"假"，则跳过语句 1 与语句 2，执行其他的程序。

格式二：

if（表达式）{ 语句 1；语句 2；}
　　　else{ 语句 3；语句 4；}

运行步骤：如果表达式为"真"，则执行语句 1 和语句 2，如果为"假"，则执行语句 3 与语句 4。

项目拓展 2　**掌握运算符**

实现功能

通过程序了解常见运算符，串口打印计算数字。

程序设计

```
int x=10;
int y=20;
int z=30;
void setup( )
{
  Serial.begin(9600);          // 打开串口，设置传输速率为 9600bps
  int a=x + y;
  Serial.println(a);           //30
  int b=y - x;
  Serial.println(b);           //10
```

```
    int c=z / y;
    Serial.println(c);            //1   30/20=1 余 10 （打印整数）
    int d=z % 4;
    Serial.println(d);            //2   30/4=7 余 2    （打印余数）
    Serial.println(x++);          //10   x++ 在下次执行的时候才将计算结果
                                         赋值给变量
    int f=x + y;
    Serial.println(f);            //31   在这里 x 值变为 11、与 y 相加为 31
    Serial.println(++y);          //21   本次执行值赋给变量（20+1）
    int g=y + z;
    Serial.println(g);            //51=21+30
}
void loop(  )
{
}
```

运行结果，如图 3-5-3 所示。

图 3-5-3　串口打印输出结果

 知识拓展

　　Arduino 识别高低电平的电压范围，当引脚输入电压为 0.5 ~ 1.5V，判定为低电平；当引脚输入电压为 3 ~ 5V，判定为高电平。使用 digitalRead（ ）函数读取数字引脚电压，经过对比后输出高低电平（也就是 1/0）。在 Arduino 中，HIGH 可以用 1 表示，LOW 可以用 0 表示。

　　例如：digitalWrite（10，1）等同于 digitalWrite（10，HIGH），含义就是数字 10 引脚输出高电平。

项目 6　位置决定闪烁次数的 LED

本项目通过 for 循环语句以及数组，实现多个 LED 显示不同效果，同时在程序中使用 for 循环语句简化程序编写。花样流水灯如图 3-6-1 所示。

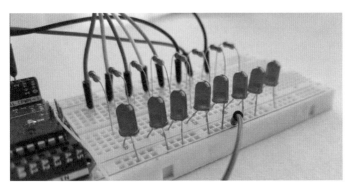

位置决定闪烁
次数的 LED

图 3-6-1　位置决定闪烁次数的 LED 高清图

一、所需器材

名称	数量与规格	图示
电阻	8×220Ω	
LED	8×5mm	

二、硬件电路连接

（1）Arduino 与 LED 连接

Arduino	功能	发光二极管	功能
D2	数字接口	LED	通过 220Ω 电阻连接正极
D3	数字接口	LED	通过 220Ω 电阻连接正极
D4	数字接口	LED	通过 220Ω 电阻连接正极
D5	数字接口	LED	通过 220Ω 电阻连接正极
D6	数字接口	LED	通过 220Ω 电阻连接正极
D7	数字接口	LED	通过 220Ω 电阻连接正极
D8	数字接口	LED	通过 220Ω 电阻连接正极

续表

Arduino	功能	发光二极管	功能
D9	数字接口	LED	通过 220Ω 电阻连接正极
GND	负极	LED	负极

（2）器材布局

如图 3-6-2 所示。

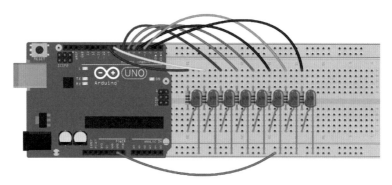

图 3-6-2　器材布局图

（3）实物布局

如图 3-6-3 所示。

图 3-6-3　实物布局图

三、设计电路

（1）工作原理简介

LED 闪烁次数与排列位置有关，比如 LED1 排列在第 1 位，闪烁 1 次；

LED8 排列在第 8 位，闪烁 8 次。

（2）电路原理图

如图 3-6-4 所示。

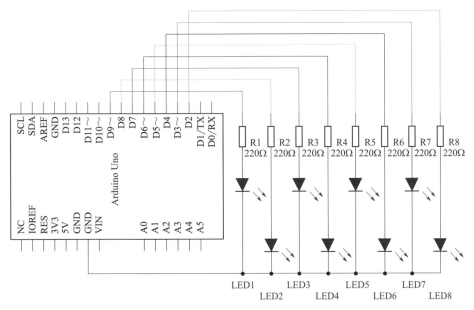

图 3-6-4　电路原理图

四、程序设计

```
void setup(  )
 {
   for (int i=2;i<10;i++ )        // 通过 for 循环语句，将数字接口 2~9 依
                                      次设置为输出模式。
   pinMode(i,OUTPUT);
   }
void loop (    )
{
   for (int i=0;i < 1;i++)        // 数字 2 引脚，连接 LED 闪烁 1 次。
   {
     digitalWrite(2,HIGH);
     delay(500);
     digitalWrite(2,LOW);
     delay(500);
```

```
    }
    for (int i=0;i < 2;i++)
    {
      digitalWrite(3,HIGH);
      delay(500);
      digitalWrite(3,LOW);
      delay(500);
    }
    for (int i=0;i < 3;i++)
    {
      digitalWrite(4,HIGH);
      delay(500);
      digitalWrite(4,LOW);
      delay(500);
    }

    for (int i=0;i < 4;i++)
    {
      digitalWrite(5,HIGH);
      delay(500);
      digitalWrite(5,LOW);
      delay(500);
    }

    for (int i=0;i < 5;i++)
    {
      digitalWrite(6,HIGH);
      delay(500);
      digitalWrite(6,LOW);
      delay(500);
    }

    for (int i=0;i < 6;i++)
    {
      digitalWrite(7,HIGH);
```

```
    delay(500);
    digitalWrite(7,LOW);
    delay(500);
  }
  for (int i=0;i < 7;i++)
  {
    digitalWrite(8,HIGH);
    delay(500);
    digitalWrite(8,LOW);
    delay(500);
    }
  for (int i=0;i < 8;i++)
  {
    digitalWrite(9,HIGH);
    delay(500);
    digitalWrite(9,LOW);
    delay(500);
  }
  delay(1000);
}
```

五、编程要点

在 setup（   ）函数中，利用 for（   ）｛ ｝语句，将多个数字引脚设置输出工作模式，简化程序编写。例如：

```
  for (int i=2;i<10;i++ )
 {
  pinMode(i,OUTPUT);
   }
```

相当于：

```
  pinMode(2,OUTPUT);
  pinMode(3,OUTPUT);
  ......
  pinMode(8,OUTPUT);
  pinMode(9,OUTPUT);
```

项目 7　花样流水灯

实现功能
呈现花样闪烁 LED 点亮效果。

花样流水灯

一、器材布局、电路图

参考项目六：位置决定闪烁次数的 LED。

二、程序设计

```
int i;
int ledPin[  ]={2,3,4,5,6,7,8,9};
void setup(  )
 {
  for ( i=0;i<8;i++ )   // 通过 for 循环语句，将数字接口 2~9 依次设置为
                          输出模式
  pinMode(ledPin[i],OUTPUT);
  digitalWrite(ledPin[i],LOW);
  }
void loop(  )
{
  for (i=0;i < 8;i++) //8 个 LED 每个点亮 1 次 ( 从左到右 )
  {
    digitalWrite(ledPin[i],HIGH);
    delay(100);
    digitalWrite(ledPin[i],LOW);
    delay(100);
  }
  delay(500);          // 延时
  for (i=7;i >=0;i--) //8 个 LED 每个点亮 1 次 ( 从右到左 )
   {
    digitalWrite(ledPin[i],HIGH);
    delay(100);
    digitalWrite(ledPin[i],LOW);
    delay(100);
   }
```

```
    delay(500);                    // 延时

    for (i=0;i < 8;i++)            //8 个 LED 依次全部点亮（从左到右）
    {
      digitalWrite(ledPin[i],HIGH);
      delay(100);
    }
for ( i=0;i<8;i++ )                //8 个 LED 全部熄灭
    {
    digitalWrite(ledPin[i],LOW);
    }

    for (i=7;i >=0;i--)            //8 个 LED 依次全部点亮（从右到左）
     {
      digitalWrite(ledPin[i],HIGH);
      delay(100);
    }

    for ( i=0;i<8;i++ )            //8 个 LED 全部熄灭
    {
    digitalWrite(ledPin[i],LOW);
    }

    for (i=0;i < 2;i++) //
    {
      digitalWrite(ledPin[3],HIGH);
      digitalWrite(ledPin[4],HIGH);
      delay(500);
      digitalWrite(ledPin[2],HIGH);
      digitalWrite(ledPin[5],HIGH);
      delay(500);
      digitalWrite(ledPin[1],HIGH);
      digitalWrite(ledPin[6],HIGH);
      delay(500);
      digitalWrite(ledPin[0],HIGH);
      digitalWrite(ledPin[7],HIGH);
```

```
  delay(500);

    for (int m=0;m<8;m++ )                //8 个 LED 全部熄灭
    {
      digitalWrite(ledPin[m],LOW);
     }
    delay(500);
  }

  for (i=0;i < 2;i++) //
  {
    digitalWrite(ledPin[0],HIGH);
    digitalWrite(ledPin[7],HIGH);
    delay(500);
    digitalWrite(ledPin[1],HIGH);
    digitalWrite(ledPin[6],HIGH);
    delay(500);
    digitalWrite(ledPin[2],HIGH);
    digitalWrite(ledPin[5],HIGH);
    delay(500);
    digitalWrite(ledPin[3],HIGH);
    digitalWrite(ledPin[4],HIGH);
    delay(500);

    for (int m=0;m<8;m++ )                //8 个 LED 全部熄灭
    {
      digitalWrite(ledPin[m],LOW);
     }
    delay(500);
  }
}
```

三、编程要点

数组，就是一组数据的集合，数组分为一维数组、二维数组、三维数组和多维数组。

一维数组格式：数据类型说明 数组名［数量］={数值 1，数值 2}；

［数量］一般不填，编译器自动计算。

举例：int ledPin［］={2,3,4,5,6,7,8,9}；

ledPin 是数字名，2,3,4,5,6,7,8,9 是数值。

使用数组注意事项：大括号内数值之间用逗号，语句结束加上分号。

ledPin 后面中括号里的数字是从 0 开始的，对应后面大括号里的第 1 个元素。例如：ledPin［0］= 2

> **知识拓展**
>
> Arduino UNO 主控板上有两个稳压块，分别是 5V 与 3.3V 稳压块（在主控板中采用的是贴片式封装）。以直插式稳压块为例介绍，该稳压块组成稳压电源所需的外围元件极少，电路内部还有过流、过热及调整管的保护电路，使用起来可靠、方便，而且价格便宜。常见的直插式三端稳压器是 78XX 与 79XX 系列，78XX 稳压正电源，79XX 稳压负电源，XX 是稳压值，例如 7805 输出是 +5V 电压。当型号中出现 L、M 时，它代表最大输出电流是 100mA、500mA，否则输出电流是 1.5A。稳压块外观如图 3-7-1 所示。
>
> 稳压块图形符号如图 3-7-2 所示，用 IC 表示。
>
>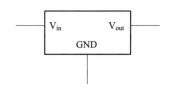
>
> 图 3-7-1　稳压块　　　　　　　　　图 3-7-2　稳压块图形符号
>
> 典型应用电路如图 3-7-3 所示。工作原理简述：220V 交流电经过变压器降压、四个二极管桥式整流、电容滤波、稳压块稳压，就可以获得稳定直流电压。
>
>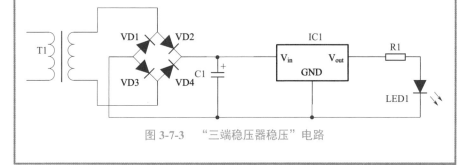
>
> 图 3-7-3　"三端稳压器稳压"电路

项目 8　利用中断函数切换 LED 状态

想象一个场景：你正在工作，这时电话铃声响了，你需要暂停手里的工作去接听电话，然后继续工作。电话铃声响起，接听电话这个过程就是中断程序。程序是在 loop（　　）中不断循环的，当中断触发时，会停止正在运行的主程序，而跳转至运行中断程序，中断程序运行完毕后，会再回到之前主程序，继续运行主程序。中断函数切换 LED 状态，如图 3-8-1 所示。

利用中断函数
切换 LED 状态

图 3-8-1　中断函数切换 LED 高清图

中断函数原型：

```
attachInterrupt(interrupt,function,mode);
```

interrupt 为中断编号（0 或 1），如选择中断 0，硬件连接数字引脚 D2，如选择中断 1，硬件连接数字引脚 D3。

Function 为中断服务程序名字。中断发生时，程序跳出主程序，进入中断程序。

mode 为中断触发模式：

low	低电平触发中断
change	引脚电平发生变化时，触发中断
rising	当引脚电平由低变高时，触发中断
falling	当引脚电平由高到低时，触发中断

一、所需器材

名称	数量与规格	图示
电阻	1×220Ω	

名称	数量与规格	图示
LED	1×5mm	
按键	4pin	
电阻	1×10kΩ	

二、硬件电路连接

（1）Arduino 主控板与按键、LED 连接

采用中断 0（pin 2），电平上升沿触发。

Arduino	功能	中断	功能
D2	数字接口	按键	信号输入
D5	数字接口	LED	正极通过串接 220Ω 电阻连接

（2）器材布局

如图 3-8-2 所示。

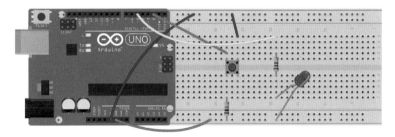

图 3-8-2　器材布局图

（3）实物布局

如图 3-8-3 所示。

三、电路设计

（1）工作原理简介

按键（中断）切换 LED 的亮 / 灭状态。串口监视器显示数字接口 D2 与 D5 的电平状态。

图 3-8-3　实物布局图

（2）电路原理图
如图 3-8-4 所示。

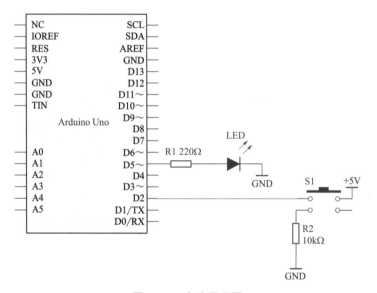

图 3-8-4　电路原理图

四、程序设计

```
int LED=5;
int state=0;                            // 定义变量
void setup( )
{
  pinMode(LED,OUTPUT);
  attachInterrupt(0,zd,RISING );        // 当电平变为高电平时，触发中断
                                           函数 zd
  Serial.begin(9600);
```

```
}
void loop(  )
{
  digitalWrite(LED,state);
  int i=digitalRead(2);
  Serial.print("D5 电平状态 :");
  Serial.println(state);
  Serial.print("D2 电平状态 :");
  Serial.println(i);
  delay(100);
}
void zd(  )                    // 中断函数
{
  state=!state;              // 变量状态取反
}
```

串口输出如图 3-8-5 所示。

图 3-8-5　串口输出状态

中断函数进阶

项目拓展 1　中断函数进阶

实现功能

LED 5 闪烁，当中断函数触发后，LED 6 点亮 1s，LED 5 停止闪烁，同时在串口监视器中观察数字接口 D2 电平状态。

一、硬件电路连接

在"利用中断函数切换 LED 状态"项目基础上，数字接口 D6 串接 220Ω 电阻连接 LED。如图 3-8-6 所示。

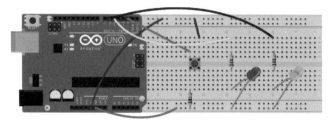

图 3-8-6　器材布局图

二、程序设计

```
int LED6=6;
int LED5=5;
int state=0;
void setup(  )
{
  pinMode(LED5,OUTPUT);
  pinMode(LED6,OUTPUT);
  attachInterrupt(0,zd,RISING);          // 由低变高触发中断
  Serial.begin(9600);
}
void loop(  )
{
  Serial.print("D2 电平状态 :");
  Serial.println(state);
  if (state !=0)
  {
    digitalWrite(LED6,HIGH);
    delay(1000);
    digitalWrite(LED6,LOW);
    state=0;                             // 变量重新赋值等于 0
  }
  else
```

```
  {
    digitalWrite(LED5,HIGH);
    delay(100);
    digitalWrite(LED5,LOW);
    delay(100);
  }
}
void zd ( )                          // 中断函数
{
  state ++;
}
```

中断函数执行程序
优先体验

项目拓展2　中断函数执行程序优先体验

实现功能

在中断函数执行程序期间，LED5呼吸灯状态暂停，优先执行LED6点亮5s。

一、程序设计

```
int LED6=6;
int LED5=5;
void setup(  )
{
  pinMode(LED5,OUTPUT);
  pinMode(LED6,OUTPUT);
  attachInterrupt(0,zd,RISING);      // 电平信号由低变高触发中断
  Serial.begin(9600);
}
void loop(  )
{
  for (int i=0;i < 256;i++)
  {
    analogWrite(LED5,i);
    Serial.println(i);                // 在串口中打印变量i
    delay(10);
  }
```

```
for (int i=255;i > 0;i--)
{
    analogWrite(LED5,i);
    Serial.println(i);                    // 在串口中打印变量 i
    delay(10);
}
}
void zd (   )                             // 中断函数
{
    digitalWrite(LED6,HIGH);
    for (int x=0;x <=500;x++)
    {
        delayMicroseconds(10000);         // 中断函数中可以使用 delay
                                          //     Microseconds(  ) 延时函数
    }
    digitalWrite(LED6,LOW);
}
```

二、编程要点

delayMicroseconds（　　）与 delay（　　）函数都可用于暂停程序运行。在中断服务程序中，不能使用 delay（　　）函数与 millis（　　）函数，但是delayMicroseconds（　　）可以在中断中正常工作。delayMicroseconds（　　）的参数单位是 μs（1ms ＝ 1000μs）。在程序中使用 for 语句循环 500 次，也就是 500×10000=5000000μs=5000ms=5s。在中断触发后，LED6 点亮 5s。

串口输出 D2 电平状态，如图 3-8-7 所示。

图 3-8-7　串口输出变量 i 的数值

知识拓展

电路的三种状态

（1）通路

通路是指有正常的电流流过用电器。电路构成有电源、开关、导线、用电器等，也称之为回路，如图3-8-8所示。

（2）断路（开路）

断路指电路某一处断开，没有电流流过用电器，如图3-8-9所示。

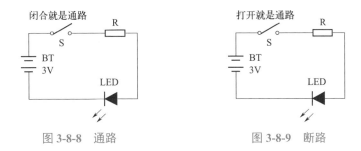

图 3-8-8　通路　　　　　　　　图 3-8-9　断路

（3）短路

短路指用导线将用电器或者电源两端连接起来，电流直接从导线经过，不经过用电器，如图3-8-10所示。短路一属于电源短路，短路二属于用电器短路（在这里是LED）。

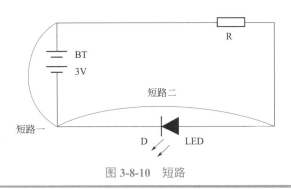

图 3-8-10　短路

项目9　计数红绿灯

本项目中，将使用红绿灯模块以及共阳数码管制作一款计数红绿灯，在红绿灯点亮的时候，数码管同时显示数字进行倒计时，计数红绿灯如图3-9-1所示。

计数红绿灯

图 3-9-1　计数红绿灯高清图

一、所需器材

名称	数量与规格	图示
电阻	7×220Ω	
模块	1× 红绿灯模块	
数码管	1× 共阳 0.56in❶	

主要器材介绍如下。

（1）红绿灯模块

红、黄、绿三个LED分别焊接在电路板上，它们的负极连接在一起，有四个引脚，分别对应红黄绿三个LED的正极与公共负极，同时电路焊接有限流电阻，如图3-9-2所示。

───────────

❶ 1in=25.4mm。

图 3-9-2 红绿灯模块

红绿灯模块基本参数

电压	5V
输入	数字信号
接口	共阴极红、黄、绿 LED 单独控制

（2）数码管

数码管是一种最常见的显示元件，用来显示信息。数码管内部发光元件就是由 LED 组成的，常见的数码管里面包含 8 个 LED、7 个显示段码、1 个显示小数点（h/dp 表示）。数码管按照显示颜色可以分为红色、绿色、蓝色等，最常见的是红色数码管。数码管按照位数可以分为一位、两位、三位、四位等。数码管按照内部连接方式可以分为共阳与共阴。数码管按照规格大小分为 0.56in、0.8in、1.2in 等。图 3-9-3 是一位 0.56in 的数码管。

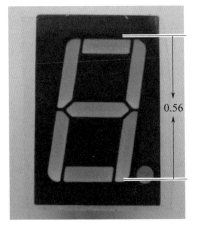

图 3-9-3 数码管尺寸测量的是字高

以一位数码管进行介绍，段码分别用 a、b、c、d、e、f、g、h（dp）表示，如图 3-9-4 所示。

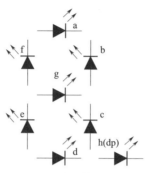

图 3-9-4　数码管段码表示

数码管内部结构及图形符号如下。

数码管	内部结构示意图	图形符号
共阳数码管	VCC — a / b / c / d / e / f / g / h(dp)	7 a A 3 6 b A 8 4 c 2 d 1 e 9 f 10 g 5 DP
共阴数码管	a / b / c / d / e / f / g / h(dp)	7 a K 3 6 b K 8 4 c 2 d 1 e 9 f 10 g 5 DP

一位数码管共有上下两排引脚，排列顺序是从下排第一个引脚逆时针开始数起，如图 3-9-5 所示。

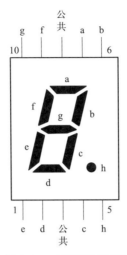

图 3-9-5 引脚排列顺序

一位数码管引脚与对应的段码关系表如下。

引脚	功能（段码）	引脚	功能（段码）
1	e	6	b
2	d	7	a
3	公共极	8	公共极
4	c	9	f
5	h(dp)	10	g

一位数码管与 Arduino 主板引脚的对应的关系表。

一位数码管引脚	Arduino 主板引脚	一位数码管引脚	Arduino 主板引脚
1—e	7	6—b	4
2—d	6	7—a	3
3—公共极	+5V	8—公共极	—
4—c	5	9—f	8
5—h(dp)	10	10—g	9

数值 0 ～ 9 段码显示如图 3-9-6 所示。

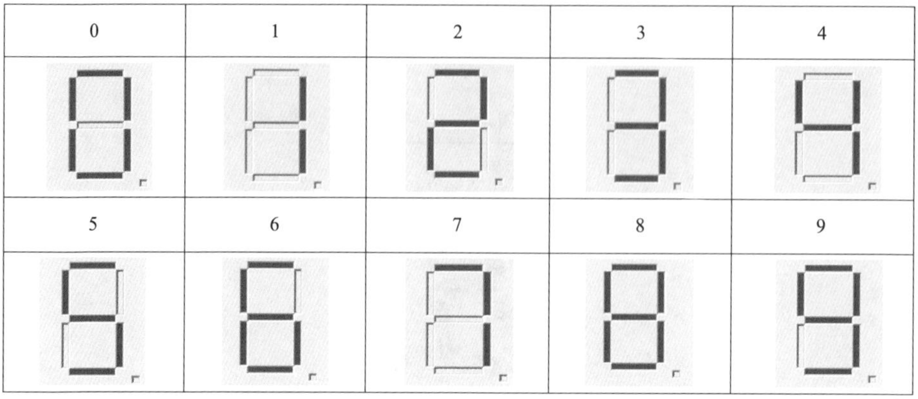

0	1	2	3	4
5	6	7	8	9

图 3-9-6　数值 0 ～ 9 段码显示

二、硬件电路连接

（1）Arduino 与数码管连接

Arduino	功能	一位数码管	功能
D3	数字接口	a	段码
D4	数字接口	b	段码
D5	数字接口	c	段码
D6	数字接口	d	段码
D7	数字接口	e	段码
D8	数字接口	f	段码
D9	数字接口	g	段码
5V	电源正极	公共极	供电

（2）Arduino 与红绿灯模块连接

Arduino	功能	红绿灯模块	功能
D10	数字接口	R	红色 LED
D11	数字接口	Y	黄色 LED
D12	数字接口	G	绿色 LED
GND	数字接口	GND	负极

（3）实物布局

如图 3-9-7 所示。

图 3-9-7　计数红绿灯实物布局

三、设计电路

（1）工作原理简介

先让绿灯点亮 10s，同时数码管倒计时，之后闪烁 3 次，黄灯点亮 3s，红灯点亮 10s，同时数码管倒计时显示。

（2）电路原理图

如图 3-9-8 所示。

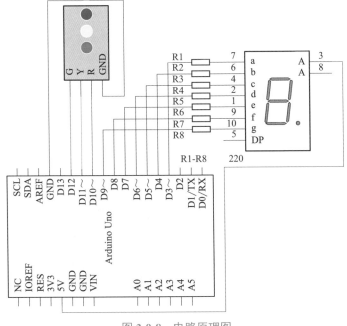

图 3-9-8　电路原理图

四、程序设计

```
int a=3;                                    // 定义数字接口 3 连接 a 段数码管
int b=4;                                    // 定义数字接口 4 连接 b 段数码管
int c=5;                                    // 定义数字接口 5 连接 c 段数码管
int d=6;                                    // 定义数字接口 6 连接 d 段数码管
int e=7;                                    // 定义数字接口 7 连接 e 段数码管
int f=8;                                    // 定义数字接口 8 连接 f 段数码管
int g=9;                                    // 定义数字接口 9 连接 g 段数码管
int R=10;                                   // 红绿灯模块 -RedLed
int Y=11;                                   // 红绿灯模块 -YellowLed
int G=12;                                   // 红绿灯模块 -GreenLed
void setup (    )
{
  for (int pin=3;pin <=9;pin++)             //for 语句实现设置引脚模式为输
                                            //  出模式
  {
    pinMode(pin,OUTPUT);
    digitalWrite(pin,HIGH);                 // 初始化数码管为熄灭状态
  }
  for (int pin=10;pin <=12;pin++)           //for 语句实现设置引脚模式为输出
                                            //  模式
  {
    pinMode(pin,OUTPUT);
    digitalWrite(pin,LOW);                  // 初始化红绿灯模块中 LED 为熄灭
                                            //  状态
  }
}
void loop( )
{
  //Green-LED 点亮 10s，数码管倒计时显示
  digitalWrite(G,HIGH);
  delay(1000);                              // 延时 1s
  digital_9( );                             // 显示数字 9
  delay(1000);                              // 延时 1s
  digital_8( );                             // 显示数字 8
```

```
delay(1000);              // 延时 1s
digital_7( );             // 显示数字 7
delay(1000);              // 延时 1s
digital_6( );             // 显示数字 6
delay(1000);              // 延时 1s
digital_5( );             // 显示数字 5
delay(1000);              // 延时 1s
digital_4( );             // 显示数字 4
delay(1000);              // 延时 1s
digital_3( );             // 显示数字 3
delay(1000);              // 延时 1s
digital_2( );             // 显示数字 2
delay(1000);              // 延时 1s
digital_1( );             // 显示数字 1
delay(1000);              // 延时 1s
                          // 熄灭数码管
for (int pin=3;pin <=9;pin++)
{
  digitalWrite(pin,HIGH);
}
//Green-LED 闪烁 3 次
for (int i=0;i < 3;i++)
{
  digitalWrite(G,HIGH);
  delay(1000);            // 延时 1s;
  digitalWrite(G,LOW);
  delay(1000);            // 延时 1s;
}
//Yellow-LED 点亮 3s
digitalWrite(Y,HIGH);
delay(3000);              // 延时 3s
digitalWrite(Y,LOW);
delay(100);               // 短暂延时
//Red-LED 点亮 10s，数码管倒计时显示。
digitalWrite(R,HIGH);
delay(1000);              // 延时 1s
```

```
    digital_9( );          // 显示数字 9
    delay(1000);           // 延时 1s
    digital_8( );          // 显示数字 8
    delay(1000);           // 延时 1s
    digital_7( );          // 显示数字 7
    delay(1000);           // 延时 1s
    digital_6( );          // 显示数字 6
    delay(1000);           // 延时 1s
    digital_5( );          // 显示数字 5
    delay(1000);           // 延时 1s
    digital_4( );          // 显示数字 4
    delay(1000);           // 延时 1s
    digital_3( );          // 显示数字 3
    delay(1000);           // 延时 1s
    digital_2( );          // 显示数字 2
    delay(1000);           // 延时 1s
    digital_1( );          // 显示数字 1
    delay(1000);           // 延时 1s
    digitalWrite(R,LOW);
    delay(1000);           // 延时
    // 熄灭数码管
    for (int pin=3;pin <=9;pin++)
    {
      digitalWrite(pin,HIGH);
    }
}
void digital_0(  )       // 显示数字 0
{
  digitalWrite(a,LOW);
  digitalWrite(b,LOW);
  digitalWrite(c,LOW);
  digitalWrite(d,LOW);
  digitalWrite(e,LOW);
  digitalWrite(f,LOW);
  digitalWrite(g,HIGH);
}
```

```
void digital_1(  )              // 显示数字 1
{
  digitalWrite(a,HIGH);
  digitalWrite(b,LOW);
  digitalWrite(c,LOW);
  digitalWrite(d,HIGH);
  digitalWrite(e,HIGH);
  digitalWrite(f,HIGH);
  digitalWrite(g,HIGH);
}
void digital_2(  )              // 显示数字 2
{
  digitalWrite(a,LOW);
  digitalWrite(b,LOW);
  digitalWrite(c,HIGH);
  digitalWrite(d,LOW);
  digitalWrite(e,LOW);
  digitalWrite(f,HIGH);
  digitalWrite(g,LOW);
}
void digital_3(  )              // 显示数字 3
{
  digitalWrite(a,LOW);
  digitalWrite(b,LOW);
  digitalWrite(c,LOW);
  digitalWrite(d,LOW);
  digitalWrite(e,HIGH);
  digitalWrite(f,HIGH);
  digitalWrite(g,LOW);
}
void digital_4(  )              // 显示数字 4
{
  digitalWrite(a,HIGH);
  digitalWrite(b,LOW);
  digitalWrite(c,LOW);
  digitalWrite(d,HIGH);
```

```
    digitalWrite(e,HIGH);
    digitalWrite(f,LOW);
    digitalWrite(g,LOW);
  }
  void digital_5( )       // 显示数字 5
  {
    digitalWrite(a,LOW);
    digitalWrite(b,HIGH);
    digitalWrite(c,LOW);
    digitalWrite(d,LOW);
    digitalWrite(e,HIGH);
    digitalWrite(f,LOW);
    digitalWrite(g,LOW);
  }
  void digital_6( )       // 显示数字 6
  {
    digitalWrite(a,LOW);
    digitalWrite(b,HIGH);
    digitalWrite(c,LOW);
    digitalWrite(d,LOW);
    digitalWrite(e,LOW);
    digitalWrite(f,LOW);
    digitalWrite(g,LOW);
  }
  void digital_7( )       // 显示数字 7
  {
    digitalWrite(a,LOW);
    digitalWrite(b,LOW);
    digitalWrite(c,LOW);
    digitalWrite(d,HIGH);
    digitalWrite(e,HIGH);
    digitalWrite(f,HIGH);
    digitalWrite(g,HIGH);
  }
  void digital_8( )       // 显示数字 8
  {
```

```
  digitalWrite(a,LOW);
  digitalWrite(b,LOW);
  digitalWrite(c,LOW);
  digitalWrite(d,LOW);
  digitalWrite(e,LOW);
  digitalWrite(f,LOW);
  digitalWrite(g,LOW);
}
void digital_9(  )       // 显示数字 9
{
  digitalWrite(a,LOW);
  digitalWrite(b,LOW);
  digitalWrite(c,LOW);
  digitalWrite(d,LOW);
  digitalWrite(e,HIGH);
  digitalWrite(f,LOW);
  digitalWrite(g,LOW);
}
```

五、编程要点

为美化程序，在编写程序的时候，可将 void digital_9（　　）编写为函数，放置在 void loop（　　）{　} 之后直接调用。

项目拓展　**数码管显示数字 0 ～ 9**

实现效果
数码管从 0 ～ 9 循环显示数字

一、器材布局、电路图

参考项目九：计数红绿灯。

二、程序设计

```
int  smg [10][7]=          // 二维数组
  {
    {0,0,0,0,0,0,1},      // 数字 0
```

```
    {1,0,0,1,1,1,1},      // 数字 1
    {0,0,1,0,0,1,0},      // 数字 2
    {0,0,0,0,1,1,0},      // 数字 3
    {1,0,0,1,1,0,0},      // 数字 4
    {0,1,0,0,1,0,0},      // 数字 5
    {0,1,0,0,0,0,0},      // 数字 6
    {0,0,0,1,1,1,1},      // 数字 7
    {0,0,0,0,0,0,0},      // 数字 8
    {0,0,0,0,1,0,0},      // 数字 9
    };
void setup(  )
{
  for(int i=3;i<10;i++)
  {
  pinMode(i,OUTPUT);
   digitalWrite(i,HIGH);// 初始化 pin3-pin9,引脚输出高电平,确保数码管
处于熄灭状态。
    }
 }
void loop(  )
{
  for (int x=0;x<10;x++)
{
  xianshi(x);
  delay(1000);
  }
}
void xianshi (int m)
 {
    for(int n=3;n<10;n++)
    {
      digitalWrite(n,smg[m][n-3]);
    }
 }
```

三、编程要点

程序中二维数组含义解释：

```
int smg [10][7]=        // 二维数组
{
{0,0,0,0,0,0,1},      // 数字 0
……
{0,0,0,0,1,0,0},      // 数字 9
};
```

smg 是 二维数组的名字，[10][7] 第一个方框内代表有十行元素，第二个方框内代表有 7 列元素。

调用二维数组，参照如下：

smg [0][1]，它选中的就是（第一行第二个元素）：

{0,⬚0,0, 0, 0, 0, 1}, //数字0

smg [9][4]，它选中的就是（第十行第五个元素）：

{0, 0, 0, 0,⬚1,0, 0}, //数字9

在二维数组中，每一行用"，"结束。

> **知识拓展**
>
> 大多数商店门前都有一块电子屏，不停循环一些促销或者公告信息。这些电子屏内部结构就是由许多小点阵屏组成。点阵屏常见的颜色是单色的，以红色居多，严格讲，单色的点阵屏，不分共阳与共阴，一般根据第一个引脚极性决定，第一个引脚是阳极，称为共阳点阵屏。点阵屏如图 3-9-9 所示。

图 3-9-9　点阵屏

一个 8×8 点阵屏由 64 个 LED 组成，内部结构如图 3-9-10 所示。

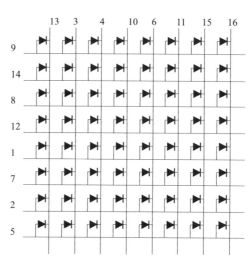

图 3-9-10　单色点阵屏内部结构（共阳）

从内部结构图可以看出，左面 9、14、8、12、1、7、2、5 八个引脚是点阵屏的阳极，上面 13、3、4、10、6、11、15、16 八个引脚是点阵屏的阴极。如何点亮点阵屏中的 LED 呢？可以将第 5 脚接高电平，13 脚接低电平，那么点阵屏左下角的 LED 点亮。

点阵屏引脚排列顺序（与集成块引脚排列类同），第一个引脚一般在侧面有字的一面，字是正向时，左边第一个引脚是 1，逆时针数至第 16 脚，如图 3-9-11 所示。

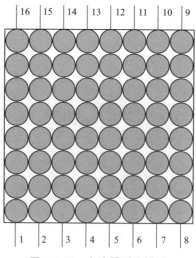

图 3-9-11　点阵屏引脚排列

项目 10 步进电机的应用

步进电机是将电脉冲信号转化为角位移的一种转动机构，步进电机接收到一个电脉冲信号，将转动一个固定的角度，通过控制脉冲的频率可以控制转动速度，通过改变绕组通电的先后顺序，可以实现步进电机的正反转。步进电机多用于 3D 打印机、机器人等需要精确控制的设备。由于 Arduino UNO 的 I/O 输出电流有限，一般需要增加驱动电路，常见的是 ULN2003 驱动芯片，可以驱动五线四相减速步进电机。步进电机应用如图 3-10-1 所示。

步进电机

图 3-10-1 步进电机应用

一、所需器材

名称	数量与规格	图示
驱动芯片	1×ULN 2003	
步进电机	1×28BYJ-48	

主要器材介绍如下。

（1）ULN2003 驱动集成电路

ULN2003 内部结构如图 3-10-2 所示，pin 8 与 pin 9 是芯片供电引脚。pin 1 ～ pin 7 为输入信号，对应 pin 16 ～ pin 10 为输出信号，当输入为高电平的时候，对应输出引脚是低电平。比如 pin 1 输入高电平，pin 16 输出低电平。pin 8 是 ULN2003 负极，pin 9 正极。

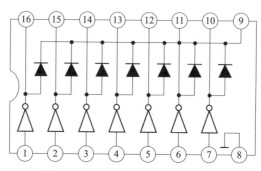

图 3-10-2　ULN2003 驱动集成电路

在制作中，为便于完成实验组装，采用市场上专用的 ULN2003 驱动板，其安装有 ULN2003 芯片以及驱动状态指示灯，如图 3-10-3 所示。

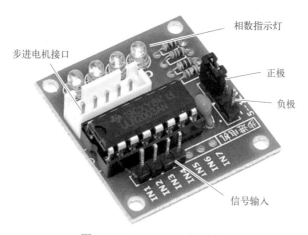

图 3-10-3　ULN2003 驱动板

（2）步进电机

如图 3-10-4 所示，步进电机的型号为 28BYJ-48，是一款五线四相减速步进电机，工作电压 5V，减速比为 1/64，电机直径为 28mm。四相指电机内部的线圈有 4 组，五线指 4 组线圈公共点连接成一条线，加上其余 4 条相线。

图 3-10-4 步进电机

二、硬件电路连接

（1）Arduino UNO 控制步进电机信号输出与 ULN 2003 电路板连接

Arduino	功能	ULN 2003 电路板	功能
D8	数字接口	IN1	信号输入
D9	数字接口	IN2	信号输入
D10	数字接口	IN3	信号输入
D11	数字接口	IN4	信号输入

在 ULN2003 驱动板上 IN1、IN2、IN3、IN4 分别连接 UNO 开发板的数字引脚 8，9，10，11，驱动板电源输入 +、- 引脚分别连接 Arduino UNO 的 5V、GND。

（2）实物布局

如图 3-10-5 所示。

图 3-10-5 实物布局图

三、电路设计图

(1)工作原理简介

步进电机的转速与脉冲的频率（延时时间）有关，改变脉冲顺序，就可以改变步进电机的转动方向，若步进电机没有收到脉冲信号，将静止不动。

(2)电路原理图

如图 3-10-6 所示。

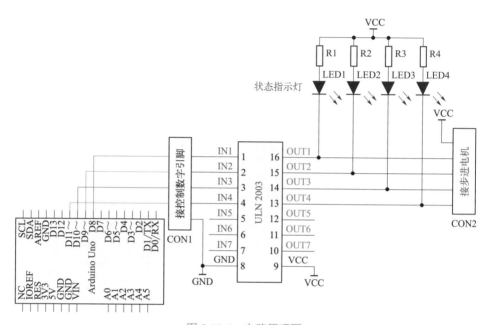

图 3-10-6　电路原理图

四、程序设计

```
int t=5;
void setup( )
{
  for (int i=8;i < 12;i++)
  {
    pinMode(i,OUTPUT);
    digitalWrite(i,LOW);
  }
}
void loop(    )
```

```
{
  zhengzhuan( );
  fanzhuan( );
}
void zhengzhuan( )
{
  for (int i=0;i <=512;i++)                // 正转一圈
  {
     for (int i=8;i < 12;i++)
   {
     digitalWrite(i,HIGH);
     delay(t);
     digitalWrite(i,LOW);
   }
  }
}
void fanzhuan( )
{
  for (int i=0;i <=1024;i++)               // 反转二圈
  {
    for (int i=11;i >7;i--)
   {
     digitalWrite(i,HIGH);
     delay(t);
     digitalWrite(i,LOW);
   }
  }
}
```

项目 11　超声波测距

　　超声波是一种振动频率超过 20kHz 的机械波，沿直线方向传播，传播的方向性好，传播的距离也较远，在介质中传播时遇到障碍物就会产生反射波。超声波被广泛地应用于物体距离的测量，超声波测距如图 3-11-1 所示。

图 3-11-1　超声波测距高清图

一、所需器材

名称	数量与规格	图示
超声波	1×HC-SR04	

HC-SR04 模块是一款较好的超声波模块，设计有超声波发射、接收探头、信号放大集成电路等，直接采用这一模块，可简化设计电路。

（1）HC-CR04 模块正面与反面

如图 3-11-2 所示。

模块共四个引脚，VCC 为 5V 供电，Trig 为触发信号输入，Echo 为回响信号输出，GND 为电源地。

（2）超声波时序

如图 3-11-3 所示。

从时序图中可以看出，只要单片机给超声波模块 Trig 引脚 10μs 以上的脉冲触发信号，模块内部自动发送 8 个 40kHz 的脉冲，一旦检测到反射信号，即输出回响信号（Echo 引脚），回响信号脉冲宽度与被测的距离成正比。

图 3-11-2 超声波模块

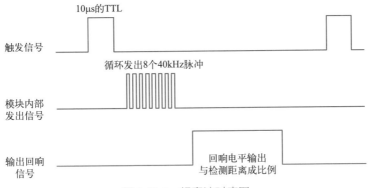

图 3-11-3 超声波时序图

（3）使用模块注意事项

被测物理面积不小于 $0.5m^2$，并且表面平整，否则影响被测距离的精度。

二、硬件电路连接

（1）Arduino UNO 与超声波模块 HC-SR04 连接

Arduino	功能	超声波模块	功能
D8	模拟电源正极	VCC	正极
D9	数字接口	Trig	触发信号
D10	数字接口	Echo	反馈信号
D11	模拟电源负极	GND	负极

（2）布局图

不用面包线，直接与 Arduino 主控板连接，如图 3-11-4 所示。

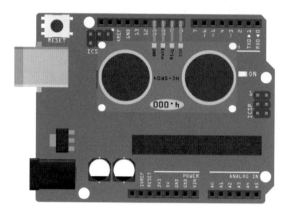

图 3-11-4　布局图

三、电路图

（1）工作原理简介

为了简化电路，直接在 Arduino 上安装模块，Arduino 主控板 pin 8 设置为输出模式，并且为高电平，相当于 5V；Arduino pin 11 设置为输出模式，并且为低电平，相当于 0V。

实现功能：串口显示测距。

（2）电路原理图

如图 3-11-5 所示。

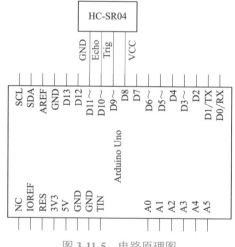

图 3-11-5　电路原理图

四、程序设计

```
int trig=9;                    // 触发
int echo=10;                   // 反馈
void setup(    )
{
  pinMode(echo,INPUT);
  pinMode(trig,OUTPUT);
  Serial.begin(9600);
  pinMode(8,OUTPUT);
  pinMode(9,OUTPUT);
  digitalWrite(8,HIGH);
  digitalWrite(11,LOW);
}
void loop(  )
{
  digitalWrite(trig,LOW);       // 低电平
  delayMicroseconds(10);        // 延时 10μs
  digitalWrite(trig,HIGH);      // 高电平
  delayMicroseconds(10);        // 延时 10μs
  digitalWrite(trig,LOW);       // 低电平
  delayMicroseconds(10);        // 延时 10μs
  long  t=pulseIn(echo,HIGH);   // 自带函数采样反馈的高电平的宽度，单位 μs
  float S=t*0.017;
  Serial.print(" 测距: ");
  Serial.print(S);              // 通过串口输出距离数值
  Serial.println(" CM");
  delay(1000);                  // 延时
}
```

串口检测到测距数值，如图 3-11-6 所示。

五、编程要点

（1）函数 pulseIn（pin，value）

pin：进行脉冲计时的引脚号。

value：如果读取的脉冲类型是 HIGH，控制程序将在引脚变为高电平后开始计时，引脚变为低电平时停止计时。

101

图 3-11-6　串口检测到数据

（2）将 pin 8 脚设置为输出模式，并且为高电平，相当于接到电源正极（5V），将 pin 11 脚设置为输出模式，并且为低电平，相当于接到电源负极。

（3）公式计算推导

$$\text{float } S = t \times 0.017;$$

公式推导：t 单位是 μs，换算为 s，需要除以 1000000。光速为 340m/s。

$S = (t/1000000) \times 340 = (t \times 0.34)/1000(m) = t \times 0.034(cm)$，因为超声波从发射到被测物之间走了来回，所以还需除以 2，公式就是 $S = t \times 0.017$

项目拓展　采用 NewPing 库函数测距

一、所需器材

参考项目十一：超声波测距。

二、硬件连接

（1）Arduino UNO 与 HC-SR04 连接

NewPing 库
函数测距

Arduino	功能	超声波模块	功能
+5V	电源正极	VCC	正极
D9	数字接口	Trig	触发信号
D10	数字接口	Echo	反馈信号
GND	电源负极	GND	负极

（2）器材布局

如图 3-11-7 所示。

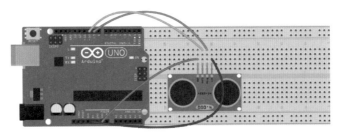

图 3-11-7　器材布局图

（3）实物布局

如图 3-11-8 所示。

图 3-11-8　实物布局图

三、程序设计

下载 NewPing 库文件，将下载的库文件放置到如图 3-11-9 所示位置。

图 3-11-9　NewPing 库文件放置位置

```
# include <NewPing.h>
int trig=9;                                  // 触发
int echo=10;                                 // 反馈
int maxDistance=400;                         // 设置最大测量距离，单位厘米。
int distance;
NewPing sonar(trig,echo ,maxDistance);// 初始化 HC-SR04
void setup(      )
{
  Serial.begin(9600);                        // 串口波特率
}
void loop(  )
{
  //distance=sonar.ping_cm(   );             // 测试距离赋值给变量 distance
  int t=sonar.ping_median(   );              // 多次测量取时间中间值
  distance=sonar.convert_cm(t);              // 换算为距离
  Serial.print(" 测距: ");
  Serial.print(distance);                    // 通过串口输出距离数值
  Serial.println(" CM");
  Serial.print(" 时间: ");
  Serial.print(t);                           // 通过串口输出时间数值
  Serial.println(" us");
  delay(500);                                // 延时
}
```

四、编程要点

采用 NewPing.h 库函数，更加方便使用超声波测距。

① int maxDistance=400 设置测试距离，当测试距离大于设置值时，返回值为 0。

② NewPing sonar（trig，echo ，maxDistance）；初始化 HC-SR04 模块函数，包含三个参数：trig 为超声波触发引脚，echo 为反馈引脚，maxDistance 为最大测量距离。

③ sonar.ping_cm（   ）；该函数可以直接计算出被测距离，单位是厘米。

④ sonar.ping_median（   ）；为了精确测量距离，使用该函数可以多次测量取时间中间值。

⑤ sonar.convert_cm（   ）；代入时间参数，将换算为被测距离。

项目 12 LCD1602 液晶显示器

LCD1602（Liquid Crystal Display 1602）是一种常见的液晶显示器，具有耗电少、寿命长、成本低、亮度高等特点。LCD 使用非常广泛，在手机屏幕、液晶电视等上都有应用。LCD 本身操作较复杂，但是在编程中加载 LiquidCrystal 库，使用 Arduino 主板驱动 LCD1602 就容易多了。LCD1602 可以显示英文字母以及一些符号，本节在 LCD1602 上显示工作室网址以及程序运行时间（Run time），LCD1602 显示如图 3-12-1 所示。

LCD1602 液晶
显示器

图 3-12-1 LCD1602 高清显示图

一、所需器材

名称	数量与规格	图示
电位器	1×10kΩ	
液晶显示器	1×LCD1602	

LCD1602 数据端一共 8 位，如与 Arduino 连接是 8 位接法，一次向 LCD 发送一个字节的数据。8 位接法与 4 位接法不同之处是，在 8 位模式下 Arduino 可以一次向 LCD1602 发送一个字节的数据，而 4 位模式，需要分两次向 LCD1602 发送数据。本项目采用 4 位接法。

二、硬件电路连接

（1）LCD1602 引脚功能介绍

引脚	符号	功能	引脚	符号	功能
1	VSS	GND/ 接地	9	D2	数据
2	VCC	电源正极	10	D3	数据
3	VO	对比度调整	11	D4	数据
4	RS	数据 / 命名选择	12	D5	数据
5	R/W	读 / 写选择	13	D6	数据
6	E	使能信号	14	D7	数据
7	D0	数据	15	BLA	背光电源正极
8	D1	数据	16	BLK	背光电源负极

表中 VO 为液晶显示对比度调整端，接电源正极对比度最小，接 GND 对比度最大，一般接电位器调整合适的对比度。RS 为高电平（1）选择数据寄存器，低电平（0）选择指令寄存器。R/W 为高电平（1）进行读操作，低电平（0）进行写操作，实验中一般进行写操作，该端子接 GND。E 端子由高电平转变为低电平时，液晶模块执行命令。

（2）Arduino 主控板与 LCD1602 连接

Arduino	功能	LCD1602	功能
D2	数字接口	D7	数据
D3	数字接口	D6	数据
D4	数字接口	D5	数据
D5	数字接口	D4	数据
D6	数字接口	E	使能信号
D7	数字接口	RS	数据 / 命令选择

（3）器材布局

如图 3-12-2 所示。

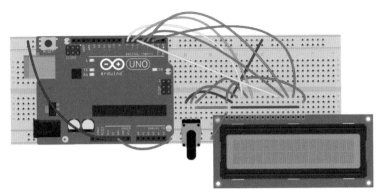

图 3-12-2　器材布局图

三、电路原理图

（1）工作原理简介

实现功能：液晶显示网址以及程序运行时间，同时 pin 13 所接的 LED 间隔 1s 闪烁。

（2）电路原理图

如图 3-12-3 所示。

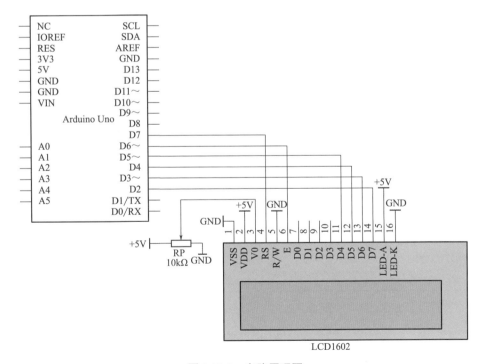

图 3-12-3　电路原理图

四、程序设计

```
#include <LiquidCrystal.h>              // 调用 LiquidCrystal 库
int LED=13;
LiquidCrystal lcd(7,6,5,4,3,2);         // 初始化，设置 LCD1602 的引脚
void setup ( )
{
  lcd.begin(16,2);                      // 初始化 LCD 设置行列值
  lcd.print(" www.fsmdiy.com");         // 显示信息，默认第一行，第一列开始
  pinMode(LED,OUTPUT);
}
void loop(  )
{
  int val=millis(  ) / 1000;            //millis() 函数单位是 ms，除以
                                        1000 转化为 s
  lcd.setCursor(0,1);                   // 显示第二行第一列位置
  lcd.print("Run time:");
  lcd.setCursor(9,1);                   // 显示第二行第十列位置
  lcd.print(val);
  lcd.print("s");
  digitalWrite(LED,HIGH);
  delay(500);
  digitalWrite(LED,LOW);
  delay(500);
}
```

五、编程要点

① <LiquidCrystal.h> 头文件，只有加载后，才能在程序中使用液晶库里面的函数。

② LiquidCrystal lcd（7，6，5，4，3，2）；功能为初始化，设置 LCD1602 的引脚。

Arduino 引脚	液晶显示器引脚	Arduino 引脚	液晶显示器引脚
7	4（RS）	4	12（D5）
6	6（R/W）	3	13（D6）
5	11（D4）	2	14（D7）

③ lcd.begin（16，2）；功能为初始化 LCD 设置行列值。

④ lcd.print（　　）为液晶显示函数。

⑤ setCursor（x，y）显示位置为第 x+1 列、第 y+1 行。

⑥ 时间函数 millis（　　），返回 Arduino 主板从开始运行到目前的时间，单位是 ms。

项目 13　智能超声波测距

智能超声波测距

学习了 LCD1602 以及 HC-SR04 的硬件使用与编程操作后，本项目将展示通过实时采集超声波探测距离，并在 LCD1602 上显示，同时采用 if 语句进行距离判别，进行声光报警提示。智能超声波测距如图 3-13-1 所示。

图 3-13-1　智能超声波测距高清图

采用红绿灯模块三个 LED 作为距离判别，同时蜂鸣器发声提示。红绿灯模块的引脚分别接到 A0～A3，注意 A0～A5 也可以作为普通数字接口使用。

一、所需器材

名称	数量与规格	图示
超声波	1×HC-SR04	

续表

名称	数量与规格	图示
蜂鸣器	1×5V 有源	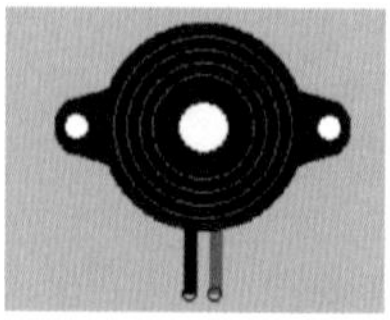
模块	1× 红绿灯模块	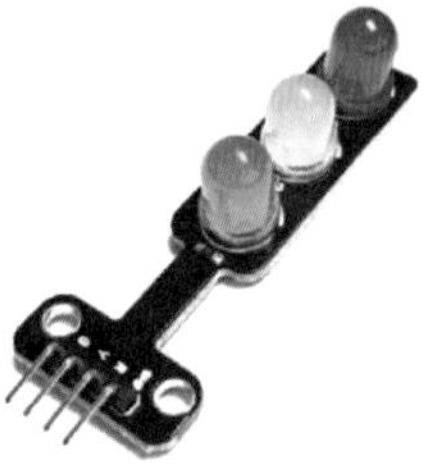
液晶显示器	1×LCD1602	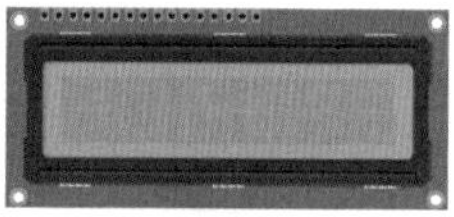
电位器	1×10kΩ	

二、硬件电路连接

（1）Arduino 主控板与超声波模块 HC-SR04 连接

Arduino	功能	超声波模块	功能
D8	模拟电源正极	VCC	正极
D9	数字接口	Trig	触发信号
D10	数字接口	Echo	反馈信号
D11	模拟电源负极	GND	负极

（2）Arduino 主控板与 LCD1602 连接

Arduino	功能	LCD1602	功能
D2	数字接口	D7	数据

续表

Arduino	功能	LCD1602	功能
D3	数字接口	D6	数据
D4	数字接口	D5	数据
D5	数字接口	D4	数据
D6	数字接口	E	使能信号
D7	数字接口	RS	数据/命令选择

（3）Arduino 主控板与红绿灯模块连接（A0 ～ A5 作为普通数字接口使用）

Arduino	功能	红绿灯模块	功能
A2	模拟接口	R	红色 LED
A1	模拟接口	Y	黄色 LED
A0	模拟接口	G	绿色 LED
A3	模拟接口	GND	负极

（4）Arduino 主控板与蜂鸣器连接

Arduino	功能	蜂鸣器	功能
D12	数字接口	VCC	正极
GND	负极	GND	负极

（5）器材布局

如图 3-13-2 所示。

三、电路图

（1）工作原理简介

LCD1602 实时显示测试距离，同时判断距离进行声光提示。在 setup（ ）函数中，显示工作室基本信息，延时 3s。

（2）电路原理图

如图 3-13-3 所示。

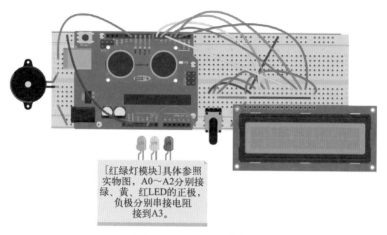

[红绿灯模块]具体参照
实物图，A0～A2分别接
绿、黄、红LED的正极，
负极分别串接电阻
接到A3。

图 3-13-2　器材布局图

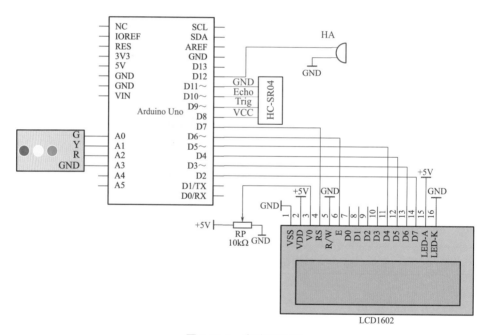

图 3-13-3　电路原理图

四、程序设计

```
#include <LiquidCrystal.h>      // 调用 LiquidCrystal 库

int trig=9;                     // 超声波触发引脚

int echo=10;                    // 超声波反馈引脚

int beep=12;                    // 蜂鸣器引脚
```

```
float S ;
LiquidCrystal lcd(7,6,5,4,3,2);        // 初始化，设置 LCD1602 的引脚
void setup( )
{
  pinMode(echo,INPUT);                 // 超声波输入信号
  pinMode(trig,OUTPUT);                // 超声波输出信号
  Serial.begin(9600);
  pinMode(8,OUTPUT);
  pinMode(9,OUTPUT);
  digitalWrite(8,HIGH);                // 超声波 +5V
  digitalWrite(11,LOW);                // 超声波 负极
  lcd.begin(16,2);                     // 初始化 LCD 设置行列值

  pinMode(beep,OUTPUT);                // 与蜂鸣器连接的引脚设置为输出
                                       // 模式

  pinMode(A0,OUTPUT);                  // 可以将 A0 写为 14，例如
                                       //    pinMode(14,OUTPUT)

  pinMode(A1,OUTPUT);
  pinMode(A2,OUTPUT);
  pinMode(A3,OUTPUT);
  digitalWrite(A3,LOW);                // 红绿灯模块负极

  lcd.print("www.fsmdiy.com");         // 显示信息，默认第一行，第一列
                                       // 开始

  lcd.setCursor(0,1);                  // 显示第二行第一列位置
  lcd.print("HC-SR04/LCD1602");
  delay(3000);// 延时 3s 显示时间
}
void loop( )
{
  lcd.clear( );                        // 清屏
  // 以下 6 条语句产生脉冲信号，激活超声波
  digitalWrite(trig,LOW);              // 低电平
  delayMicroseconds(10);               // 延时 10μs
```

```
    digitalWrite(trig,HIGH);              // 高电平
    delayMicroseconds(10);                // 延时 10μs
    digitalWrite(trig,LOW);               // 低电平
    delayMicroseconds(10);                // 延时 10μs
    long   t=pulseIn(echo,HIGH);          // 自带函数采样反馈的高电平的宽
                                          //    度，单位 μs 变量类型是 long
    S=t*0.017;                            // 使用浮点计算出距离，单位 cm
    Serial.print(" 超声波测距: ");
    Serial.print(S);                      // 通过串口输出距离数值
    Serial.println(" CM");                // 输出单位 cm

    lcd.print("HC-SR04/LCD1602");         // 默认显示第一行，第一列位置
    lcd.setCursor(0,1);                   // 通过 LCD1602，显示第二行第一
                                          //    列位置
    lcd.print(S);                         //LCD1602 上打印距离
    lcd.print("CM");
    delay(1000);                          // 延时
    baojing (  );                         // 报警函数
}
void baojing (  )                         // 报警函数
{
  if (S > 15)                             // 当距离大于 15cm
  {
    digitalWrite(A0,HIGH);                // 绿色 LED 点亮
    digitalWrite(A1,LOW);                 // 黄色 LED 熄灭
    digitalWrite(A2,LOW);                 // 红色 LED 熄灭
    digitalWrite(beep,LOW);               // 蜂鸣器不工作
  }
  else if (S <=15 && S > 10 )             // 当距离小于等于 15cm，大于 10cm
  {
    digitalWrite(A0,LOW);                 // 绿色 LED 熄灭
    digitalWrite(A2,LOW);                 // 红色 LED 熄灭
    digitalWrite(A1,HIGH);                // 黄色 LED 点亮
    digitalWrite(beep,HIGH);              // 蜂鸣器工作
    delay(100);
```

```
    digitalWrite(A1,LOW);              // 黄色 LED 熄灭
    digitalWrite(beep,LOW);            // 蜂鸣器不工作
    delay(100);
}
else if (S <=10 )                      // 当距离小于等于 10cm
{
    digitalWrite(A2,HIGH);             // 红色 LED 点亮
    digitalWrite(beep,HIGH);           // 蜂鸣器工作
}
}
```

串口实时显示测距，如图 3-13-4 所示。LCD1602 液晶屏也同时显示。

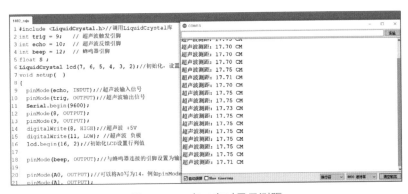

图 3-13-4　串口实时显示测距

五、编程要点

① long t = pulseIn（echo，HIGH）；变量 t 的类型是 long，它可以存储 32 位（4 字节）大小的变量，从 -2，147，483，648 到 2，147，483，647。

② 编写报警函数在 loop 函数中调用，程序结构简化便于阅读。

项目 14　光敏电阻控制 LED

光敏电阻
控制 LED

光敏电阻是常见的传感器之一，楼道里光控照明灯、晚上能自动打开红外光源的监控摄像头、太阳能路灯等中都有它的身影。本项目中，通过 Arduino

UNO 主控板采集信号，经过程序判断点亮不同颜色的 LED，光敏电阻控制 LED 如图 3-14-1 所示。

图 3-14-1　光敏电阻控制 LED

项目实战　光敏电阻控制 LED

一、所需器材

名称	数量与规格	图示
电阻	$3 \times 220\Omega$	
电阻	$1 \times 10k\Omega$	
LED	$1 \times 5mm$ LED	
LED	$1 \times 5mm$ LED	
LED	$1 \times 5mm$ LED	
光敏电阻	$1 \times LR$	

光敏电阻

光敏电阻的阻值随光照强弱而改变，对光线比较敏感，光线暗时，阻值升高，光线亮时，阻值降低。智能手机利用光敏电阻实现自动亮度控制，在手机中设置"自动亮度"，如图 3-14-2 所示，在使用手机时，在强光下看得更清晰，而光线暗时屏幕不刺眼（屏幕亮度自动降低），这个小小的光敏电阻就是你眼睛的保护神器，同时可以延长电池的使用时间。图 3-14-3 所示是光敏电阻的外形。

图 3-14-2　智能手机"自动亮度"图标

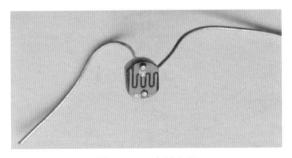

图 3-14-3　光敏电阻

光敏电阻的图形符号如图 3-14-4 所示，用字母 RG 表示。

图 3-14-4　光敏电阻的图形符号

二、硬件电路连接

（1）Arduino 与主板各个 LED 连接

Arduino	功能	LED	功能
D8	数字接口	红色 LED	正极串接 220Ω 电阻
D9	数字接口	绿色 LED	正极串接 220Ω 电阻
D3	数字接口	蓝色 LED	正极串接 220Ω 电阻

（2）器材布局
如图 3-14-5 所示。

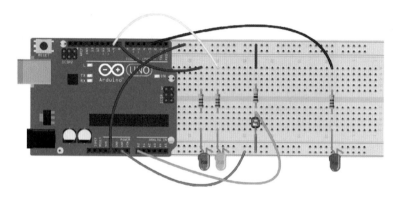

图 3-14-5　器材布局图

（3）实物布局
如图 3-14-6 所示。

图 3-14-6　实物布局图

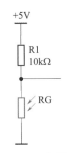

图 3-14-7 分压电路

三、设计电路

（1）工作原理简介

分压电路如图 3-14-7 所示，一个 10kΩ 电阻与光敏电阻串联后，分别接到电源的正负极，引出导线到主控板的 A0 模拟量输入引脚。根据欧姆定律以及光敏电阻特性，当光线由强变弱，光敏电阻阻值由小变大，分压值由小变大，A0 模拟量输入引脚电压也是由小变大。当光线由弱变强，与之相反。

通过主控板 A0 采集分压信号，通过程序判断控制各个 LED 点亮，当接收的数值大于 800 时，红色 LED 点亮；当接收的数值在 600～800 之间时，绿色 LED 点亮；当接收的数字小于 600 时，蓝色 LED 呈现呼吸灯效果。

（2）电路原理图

如图 3-14-8 所示。

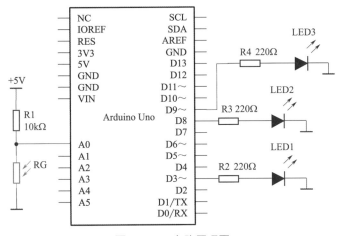

图 3-14-8 电路原理图

四、程序设计

```
int redLed=8;                    // 定义红色 LED 连接引脚
int greenLed=9;                  // 定义绿色 LED 连接引脚
void setup( )
{
  for (int i=8;i < 10;i++)       // 配置引脚输出模式，初始化引脚为低电平
  {
    pinMode(i,OUTPUT);
```

```
      digitalWrite(i,LOW);
   }
Serial.begin(9600);
}
void loop(  )
{
   int val=analogRead(A0);              // 读取 A0 连接光敏电阻数值
   Serial.print("LDR:");
   Serial.println(val);
   delay(500);
   if (val > 800)                       // 红色 LED 点亮
   {
      digitalWrite(redLed,HIGH);
      digitalWrite(greenLed,LOW);
      Serial.println(" 红色 LED 点亮 ");
      analogWrite(3,0);
   }
   else if (val <=800 && val > 600)     // 绿色 LED 点亮
   {
      digitalWrite(redLed,LOW);
      digitalWrite(greenLed,HIGH);
      Serial.println(" 绿色 LED 点亮 ");
      analogWrite(3,0);
   }
   else if (val <=600)                  // 蓝色 LED 呼吸状态
   {
      digitalWrite(redLed,LOW);
      digitalWrite(greenLed,LOW);
      for (int i=0;i < 256;i++)
      {
         analogWrite(3,i);
         delay(10);
      }
      for (int i=255;i > 0;i--)
      {
```

```
    analogWrite(3,i);
    delay(10);
  }
}
}
```

串口实时输出状态，如图 3-14-9 所示。

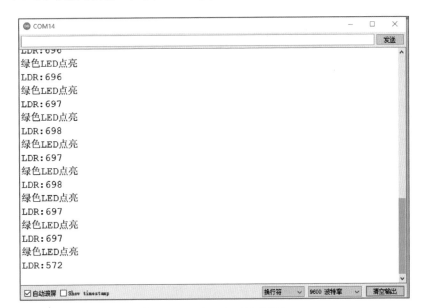

图 3-14-9　串口实时输出状态

val = analogRead（A0），从模拟引脚 A0 读取数值，模拟引脚输入电压范围是 0～5V，返回值对应的是 0～1023，模拟引脚识别电压的精度范围是 5/1024，约等于 0.00488V，即 4.88mV。如果模拟引脚没有任何连接，返回值是不固定的。

项目 15　DHT11 传感器采集环境温湿度

该项目采用 DHT11 模块实时采集周围环境温度与湿度，在 LCD1602 液晶屏显示数值，同时在串口监视器也进行显示。DHT11 温湿度传感器采集环境温湿度如图 3-15-1 所示。

DHT11 传感器采集环境温湿度

图 3-15-1　DHT11 温湿度传感器采集环境温湿度高清图

一、所需器材

名称	数量与规格	图示
DHT11 模块	1×DHT11	

　　DHT11 数字温湿度传感器包括一个电阻式感湿元件和一个 NTC 测温元件，该产品具有超快响应、抗干扰能力强、性价比极高等优点。为了便于制作，一般将 DHT11 安装在电路板上，集成有电阻以及指示灯，如图 3-15-2 所示。

　　DHT11 可以检测周围环境的湿度和温度，湿度测量范围为 20% ～ 95%（0 ～ 50℃范围），湿度测量误差为 ±5%；温度测量范围：0 ～ 50℃，温度测量误差为 ±2℃。DHT11 一共有 4 个引脚，其中有一个是 NC（空引脚）。

图 3-15-2　DHT11 模块

DHT11 模块引脚功能。

引脚	名称	功能
1	VCC（3.3～5V）	正极
2	DATA	数据输出
3	NC	空脚
4	GND	负极

DHT11 模块电路，如图 3-15-3 所示。

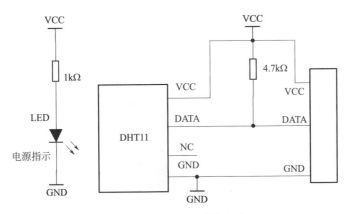

图 3-15-3　DHT11 模块电路

二、硬件电路连接

（1）Arduino 与 DHT11 模块连接

Arduino	功能	DHT11 模块	功能
D8	数字接口	VCC	正极
D9	数字接口	DATA	数据
D10	数字接口	GND	负极

（2）器材布局

如图 3-15-4 所示，注意 DHT11 直接插在 pin8、9、10，图中未画。

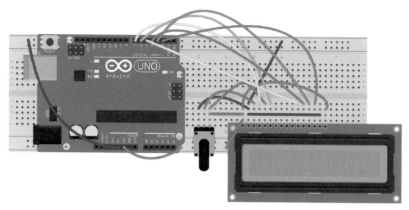

图 3-15-4　器材布局图

（3）实物布局

如图 3-15-5 所示。

图 3-15-5　实物布局图

三、设计电路

（1）工作原理简介

在程序中将 Arduino UNO pin 8 输出高电平，即 +5V。pin 10 输出低电平，即 GND。通过编写程序实时采集环境温度，并在 LCD1602 中实时显示湿度与温度。

（2）电路原理图

如图 3-15-6 所示。

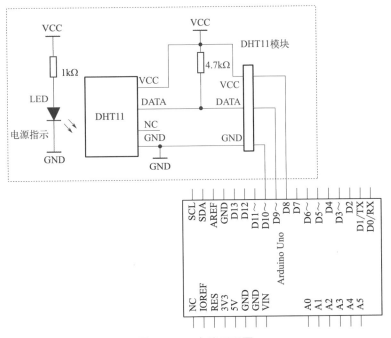

图 3-15-6　电路原理图

四、程序设计

```
#include <DHT.h>                      // 调用 DHT11 温湿传感器库文件
#include <LiquidCrystal.h>            // 调用 LiquidCrystal 库
LiquidCrystal lcd(7,6,5,4,3,2);       // 初始化，设置 LCD1602 的引脚
int dhtpin=9;                         //DHT11 定义传感器数据 I/O 引脚
#define DHTTYPE DHT11                 // 定义传感器的类型为 DHT11
DHT dht(dhtpin,DHTTYPE);
void setup(    )
{
  pinMode(8,OUTPUT);
  digitalWrite(8,HIGH);
  pinMode(10,OUTPUT);
  digitalWrite(10,LOW);
  Serial.begin(9600);                 // 串口初始化
  dht.begin(   );                     //DHT11 传感器开始工作

  lcd.begin(16,2);                    // 初始化 LCD 设置行列值
```

```
    lcd.print("www.fsmdiy.com");          // 显示信息，默认第一行第一列开始
    lcd.setCursor(0,1);                    // 显示第二行第一列位置
    lcd.print("DHT11/LCD1602");
    delay(3000);                           //3s 显示时间
    lcd.clear( );                          // 清屏
}
void loop( )
{
    float h=dht.readHumidity( );           // 读取湿度值，并赋值给 h
    float t=dht.readTemperature( );        // 读取温度值，并赋值给 t
    Serial.print("Humidity: ");            // 串口打印湿度英文
    Serial.print(h);
    Serial.println("%");
    Serial.print("Temperature: ");         // 串口打印温度英文
    Serial.print(t);
    Serial.println(" ℃ ");

    lcd.setCursor(1,0);                    //LCD1602 第一行第二列显示
    lcd.print("Hum=");
    lcd.print(h,0);                        // 显示湿度设置且保留整数
    lcd.print("%");

    lcd.setCursor(1,1);                    //LCD1602 第二行第二列显示
    lcd.print("Tmp=");
    lcd.print(t,0);                        // 显示温度数值且保留整数
    lcd.print("c");
    delay(1000);                           // 延时给传感器预留充分时间
}
```

同时串口输出温度与湿度数值，如图 3-15-7 所示。

五、编程要点

① DHT.h 是 DHT11 库文件。

② delay（1000）延时一段时间（1 ～ 2s），给传感器预留时间采集信号。

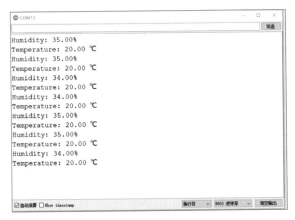

图 3-15-7 串口输出

项目 16 制作小型电压表

制作小型电压表

通过采集两个分压电阻的电压，在程序中将经过计算推导出被测电压，LCD1602 液晶显示器上显示被测电压大小。制作小型电压表如图 3-16-1 所示。

图 3-16-1 制作小型电压表高清图

一、所需器材

名称	数量与规格	图示
液晶显示器	1×LCD1602	

续表

名称	数量与规格	图示
电位器	1×10kΩ	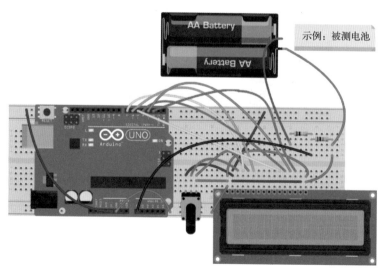

二、硬件连接

（1）Arduino 主控板与 LCD1602 连接

Arduino	功能	LCD1602	功能
D2	数字接口	D7	数据
D3	数字接口	D6	数据
D4	数字接口	D5	数据
D5	数字接口	D4	数据
D6	数字接口	E	使能信号
D7	数字接口	RS	数据 / 命令选择

（2）器材布局

如图 3-16-2 所示。

图 3-16-2　器材布局图

初始化 LCD 显示内容，如图 3-16-3 所示。

图 3-16-3 初始化显示内容

（3）实物布局

如图 3-16-4 所示。

图 3-16-4 实物布局图

三、电路原理图

（1）工作原理简介

图 3-16-5 是分压电路。

采用两个分压电阻实现电压测量，当采用两个相同的 10kΩ 电阻，由于 A0 模拟量最大可以接收到 5V 电压，根据欧姆定律，被测电压最大值是 10V。为了扩大电压表测试范围，使用 100kΩ 与 10kΩ 电阻串联，分压比是 10：1，同理根据欧姆定律，这时电压表的量程为 55V。分压电阻尽量采用精密电阻，或者将 R2 替换为电位器，可以实现精确测量的目的。

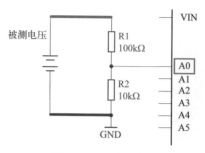

图 3-16-5　分压电路

（2）电路原理图
如图 3-16-6 所示。

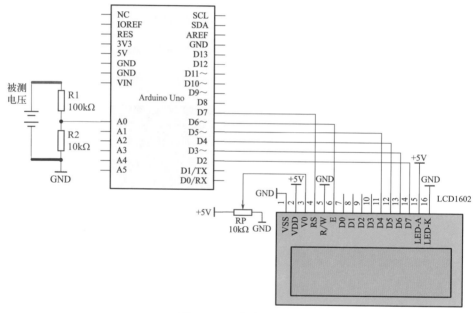

图 3-16-6　电路原理图

四、程序设计

```
#include<LiquidCrystal.h>          // 调用 LiquidCrystal 库
LiquidCrystal lcd(7,6,5,4,3,2);    // 初始化，设置 LCD1602 的引脚
float V;                           // 定义浮点类型变量
void setup( )
{
```

```
    lcd.begin(16,2);                    // 初始化 LCD 设置行列值
    lcd.print(" www.fsmdiy.com");// 显示信息，默认第一行第一列开始
    lcd.setCursor(0,1);                 // 显示第二行第一列位置
    lcd.print("good luck to you");// 打印 "good luck to you"
    delay(5000);
}
void loop(  )
{
    lcd.clear( );                       // 清屏
    int i=analogRead(A0);               // 读取 A0 模拟接口数值
    V=5.00*i/1024*11;                   // 计算电压被测电压数值
    lcd.print("DIY-voltmeter");         // 显示 DIY-voltmeter （DIY 电压表）
    lcd.setCursor(0,1);                 // 显示第二行第一列位置
    lcd.print("voltage:");              // 打印 voltage:
    lcd.setCursor(8,1);                 // 显示第二行第八列位置
    lcd.print(V);                       // 液晶屏显示被测电压数值
    lcd.print("V");                     // 显示电压单位 "V"
    delay(500);                         // 延时
}
```

测量 3.3V 电压显示如图 3-16-7。

图 3-16-7　测量 3.3V 电压

测量 12V 电压显示如图 3-16-8。

图 3-16-8　测量 12V 电压显示

五、编程要点

① 定义 V 为 float 类型，因为被测的电压数值带有小数点。

② 计算被测电压。

电路图如图 3-16-9 所示。

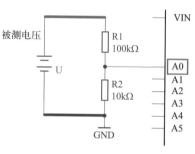

图 3-16-9　电路图

R2 上电压 =5.00×（i/1024），由于 R1 ： R2=10 ： 1，那么总电压 V=5.00×（i/1024）×11

③ Arduino UNO 共有 A0 ～ A5 共计 6 个模拟输入接口，Arduino UNO 也有 pin 3、5、6、9、10、11 等 6 个模拟输出接口，模拟量输入与输出接口均不需要在 "setup （　）" 中定义端口类型。

<table>
<tr><td rowspan="7" style="writing-mode:vertical">知识拓展</td><td colspan="3">变量数据类型</td></tr>
<tr><td>名称</td><td>类型</td><td>范围</td></tr>
<tr><td>布尔型</td><td>boolean</td><td>0 或者 1 （True 或者 Flase）</td></tr>
<tr><td>字符型</td><td>char</td><td>−128 ～ 127</td></tr>
<tr><td>无符号字符型</td><td>undigned char</td><td>0 ～ 255</td></tr>
<tr><td>整型</td><td>int</td><td>−32768 ～ 32767</td></tr>
<tr><td>无符号整型</td><td>undigned　int</td><td>0 ～ 65535</td></tr>
<tr><td>长整型</td><td>long</td><td>−2147483648 ～ 2147483647</td></tr>
</table>

无线蓝牙控制

项目 17　无线蓝牙控制

无线蓝牙是一种无线技术标准，用于短距离数据交换。本项目通过无线蓝牙技术，控制继电器线圈供电，继而开启或者关闭所接的用电设备。无线蓝牙控制如图 3-17-1 所示。

图 3-17-1 无线蓝牙控制高清图

一、所需器材

名称	数量与规格	图示
电阻	1×220Ω	
LED	1×5mm LED	
电阻	3×10kΩ	
无线蓝牙模块	1×HC-06	
继电器模块	1×5V（高电平触发）	

无线蓝牙模块，如图 3-17-2 所示。

图 3-17-2　无线蓝牙模块

一共使用四个引脚，分别 VCC/GND/RXD/TXD。输入电压：3.6 ～ 6V。板载红色状态指示灯（蓝牙未配对成功时，LED 灯闪烁；配对成功后，LED 常亮）。由于该无线蓝牙模块电平最高电压是 3.3V，而 Arduino UNO 串口电平最高是 5V，在制作中 Arduino UNO 的 TX 经过分压电阻后与 HC-06 的 RX 连接，如图 3-17-3 所示。

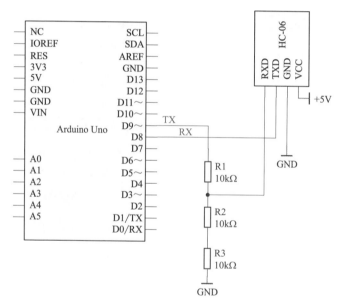

图 3-17-3　模块与 Arduino 连接图

在蓝牙未建立连接时，可以通过 AT 指令设置模块名称、配对密码。

指令	返回	功能
AT	OK	确认连接
AT+VERSION	OKlinvorV1.8	查看版本
AT+NAMExxxx	OKsetname	设置蓝牙名称
AT+PINxxxx	OKsetPIN	设定密码

在串口监视器中设置修改蓝牙名称以及密码，将其中 xxxx 替换为自己认为合适的名字。如图 3-17-4 所示。比如修改蓝牙名称为 FSM，在串口监视器中输入 AT+NAMEFSMx，然后发送，蓝牙模块重新上电即可。必须注意，在修改时蓝牙模块处于无任何设备连接状态。

图 3-17-4　修改蓝牙名称

当使用蓝牙模块与 Arduino UNO 串口连接的时候，程序中没有使用 Arduino 的 0，1 数字接口。而是通过程序虚拟串口。之所以这么做，是因为在调试工作中，需要不断下载程序，如果数字接口占用的情况下，需要临时将 0，1 数字接口所接的外围电路断开。

继电器模块如图 3-17-5 所示。

图 3-17-5　继电器模块

模块一共六个引脚。指示灯这边三个引脚分别是 VCC、GND、IN（信号输入，根据采购模块种类，分为高电平与低电平触发方式），本项目中采用的是高电平触发，也就是 IN 引脚输入高电平，继电器工作。另侧也有三个引脚，NO 为继电器常开引脚，当继电器没有加电，与 COM 引脚不相连，当继电器加电，该引脚与 COM 相连。

COM，公共引脚。

NC，继电器常闭引脚，当继电器没有加电，与 COM 引脚相连，当继电器加电，该引脚与 COM 不相连。

在本项目中使用 NO 与 COM 接线端子。

本模块红色 LED 是电源指示灯，绿色是继电器工作指示灯。

二、硬件电路连接

（1）Arduino UNO 与蓝牙模块连接

Arduino	功能	HC-06	功能
D8	数字接口	TXD	串口发射
D9	数字接口	RXD	串口接收
+5V	正极	VCC	正极
GND	负极	GND	负极

（2）Arduino UNO 与继电器模块

Arduino	功能	继电器模块	功能
D3	数字接口	IN	信号输入
+5V	正极	VCC	正极
GND	负极	GND	负极

（3）Arduino UNO 与 LED 连接

Arduino	功能	LED	功能
D3	数字接口	正极	串接 220Ω 电阻与 D3 连接
GND	负极	GND	负极

三、设计电路

（1）工作原理简介

通过蓝牙技术，控制 LED 状态，本项目中采用的是 LED，可以根据实际情况控制电动机、蜂鸣器等。

（2）电路原理图

如图 3-17-6 所示。

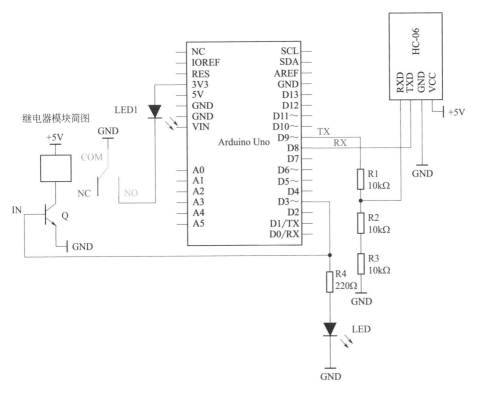

图 3-17-6　电路原理图

四、程序设计

```
#include<SoftwareSerial.h>    // 将其他数字引脚通过程序模拟成串口通信引脚
SoftwareSerial BT(8,9);       // 模拟串口接收脚为 8，发送脚为 9
char val;                     // 创建变量
void setup(   )
  {
  Serial.begin(9600);         // 设置串口波特率
  Serial.println("Bluetooth remote control!");// 蓝牙远程控制
  BT.begin(9600);             // 设置虚拟串口波特率
  pinMode(3,OUTPUT);
  }
void loop(){
  // 如果串口接收到数据，输出到蓝牙串口
  if(Serial.available(  )>0)
```

```
    {
      val=Serial.read(   );
      BT.print(val);
      if(val=='1')
      // 实现在 Arduino 串口监视器中输入 '1' 与 '2' 打开与关闭 LED（继电器）
      {
        Serial.println("Arduino-control-ON");
        digitalWrite(3,HIGH);

      }
      else if(val=='2')
      {
        Serial.println("Arduino-control-OFF");
        digitalWrite(3,LOW);
      }
    }
    // 如果接收到蓝牙模块的数据，输出到 Arduino 串口监视器中
    if(BT.available()){
      val=BT.read();
      //Serial.println(val);
      Serial.print(val);
      if(val=='1')
      // 实现在手机等串口调试中输入 '1' 与 '2' 打开与关闭 LED（继电器）
      {
        Serial.println("Bluetooth-control-ON: ");
        digitalWrite(3,HIGH);
      }
      else if(val=='2')
      {
        Serial.println("Bluetooth-control-OFF: ");
        digitalWrite(3,LOW);
      }
    }
  }
```

五、编程要点

通过 SoftwareSerial.h 库函数虚拟串口。

#include <SoftwareSerial.h> 功能为将其他数字引脚通过程序模拟成串口通信引脚。

SoftwareSerial BT（8，9）；功能为模拟串口接收引脚为 D8，发送引脚为 D9。

六、软件安装

在手机中安装蓝牙助手调试类软件，在应用商店中搜索即可。

安装 arduino bluetooth controller，以及设置。

① 打开蓝牙，选择蓝牙名称（已经修改为 FMS），密码默认为 1234。如图 3-17-7 所示。

② 安装 arduino bluetooth controller，步骤省略。

③ 打开 arduino bluetooth controller，选择 HC-06 的蓝牙模块，如图 3-17-8 所示。

图 3-17-7 选择蓝牙设备

图 3-17-8 选择蓝牙模块

④ 选择"Swith mode"，如图 3-17-9 所示。

⑤ 设置开关按钮对应的输入数字，这里设置"开"对应的数值是 1，"关"对应的数值是 2，与程序中要一致，如图 3-17-10。

图 3-17-9　选择模式

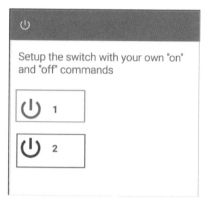

图 3-17-10　设置开关键与数值对应关系

程序中编写对应关系以及串口打印内容，如图 3-17-11 所示。

```
if ( val == '1') //实现在手机等串口调试中中输入'1'与'2'打开与关闭LED（继电器）
{
  Serial.println("Bluetooth-control-ON: ");
  digitalWrite(3, HIGH);
}
else if (val == '2')
{
  Serial.println("Bluetooth-control-OFF: ");
  digitalWrite(3, LOW);
}
```

图 3-17-11　程序编写相关内容

手机中使用 App 操作状态以及 LED 状态如下。

开关机状态	App 开关状态	远程控制继电器状态
开	![开关开]	![继电器开状态图]
关	![开关关]	![继电器关状态图]

项目 18　按键控制 LED1

本项目中，按下按键 LED 点亮，松开 LED 灯熄灭。

按键控制 LED1、
LED2、LED3

一、所需器材

名称	数量与规格	图示
电阻	1×220Ω	
电阻	1×10kΩ	
LED	1×5mm LED	
按键	1×pin4	

常见的按键有四个引脚，在电路连接中只需要两个引脚，按键内部示意如图 3-18-1 所示。

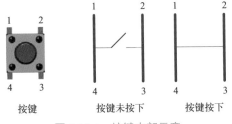

图 3-18-1　按键内部示意

在按键内部引脚 1、4 内部连在一起，2、3 内部连接在一起。在电路中有四种接法，1 与 2、1 与 3、4 与 2、4 与 3 都是可以的。

二、硬件电路连接

（1）Arduino 与 LED 连接

Arduino	功能	发光二极管	功能
D2	数字接口	LED	通过 220Ω 电阻连接正极

续表

Arduino	功能	发光二极管	功能
GND	负极	LED	与负极连接

（2）Arduino 与按键连接

Arduino	功能	按键	功能
D8	数字接口	引脚	连接 Arduino 引脚 8，并通过 10kΩ 电阻连接正极
GND	负极	引脚	与负极连接

（3）器材布局

如图 3-18-2 所示。

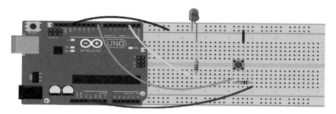

图 3-18-2　器材布局图

三、电路图

（1）工作原理简介

实现功能，按下按键，LED 点亮，释放按键，LED 熄灭。

（2）电路原理图

如图 3-18-3 所示。

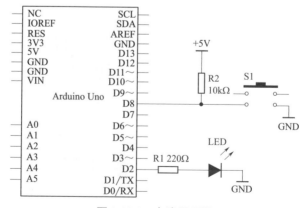

图 3-18-3　电路原理图

四、程序设计

```
int button=8;

int led=2;

void setup(   )

{

  pinMode(button,INPUT);

  pinMode(led,OUTPUT);

  Serial.begin(9600);

}

void loop()

{

  int buttonval=digitalRead(button);

  if(buttonval==0)                    // 判断按键状态

  {

      Serial.println(buttonval);      // 串口打印按键状态

      digitalWrite(led,HIGH);

      delay(20);                      // 延时 20ms

  }

  else

  {

    digitalWrite(led,LOW);

  }

}
```

五、编程要点

上拉电阻：由于 Arduino 上电后，数字 I/O 引脚处于悬空状态，如果没有上拉电阻，此时通过 digitalRead（   ）读到的是一个不稳定的值（可能是高，也可能是低）。使用上拉电阻后，按键未按下时，引脚将为高电平，按键按下为低电平。

项目 19　按键控制 LED2

本项目中，按下按键 LED 点亮，再按压 LED 熄灭，采用内部上拉电阻，无消抖。成品如图 3-19-1 所示。

图 3-19-1　实物布局图

一、所需器材与硬件连接

参考项目十八：按键控制 LED1。

如图 3-19-2 所示。

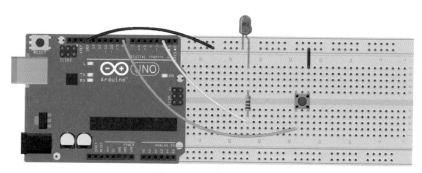

图 3-19-2　器材布局图

二、设计电路

（1）工作原理简介

每按键一次，实现按键亮灭的效果。按键接 pin 8 引脚，取消 10kΩ 电阻，启用内部上拉电阻功能，按键低电平有效，LED 正极接 pin 2。

（2）电路原理图

如图 3-19-3 所示。

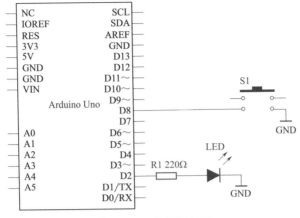

图 3-19-3 电路原理图

三、程序设计

```
int button=8;
int led=2;
void setup( )
{
  pinMode(button,INPUT_PULLUP);        // 上拉功能
  pinMode(led,OUTPUT);
}
void loop(  )
{
  int buttonval=digitalRead(button);
  if(buttonval==0)                     // 判断按键状态
   {
    digitalWrite(led,!digitalRead(led));
    }
  }
```

四、编程要点

将程序下载后，按键不是很灵。这是因为没有按键防抖处理，手按键时是会有抖动的，在按下的过程中都会有毛刺存在，如果不去抖动，LED 灯就会出现不听指挥的现象。

何为防抖呢？当按下按键时，由于金属弹片的作用，不能很快闭合稳定，放开时也不能立刻断开，闭合稳定前后称为按键抖动，如图 3-19-4 所示。消除抖动可以通过程序或者硬件电路实现，通常通过程序完成。

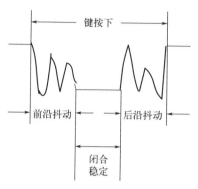

图 3-19-4　按键抖动

　　如何用程序来实现呢？当检测到按键状态变化，先延时一段时间（一般为 10 ～ 20ms），绕开不稳定状态（前沿抖动），然后再检测一次按键状态，如果与前面检测的状态相同，说明已经进入"闭合稳定"。

项目 20　按键控制 LED3

　　本项目中，按下按键，LED 点亮，再按压，LED 熄灭。采用内部上拉电阻，有防抖 / 消抖功能。

一、所需器材与硬件连接及电路图

参考项目十八：按键控制 LED1。

二、程序设计

```
int button=8;
int led=2;
void setup( )
{
  pinMode(button,INPUT_PULLUP);      // 上拉功能
  pinMode(led,OUTPUT);
}
void loop( )
{
```

```
  scanbutton();
}
void  scanbutton( )
{
  if(digitalRead(button)==0)// 判断按键状态
  {
    delay(20);
    if(digitalRead(button)==0)
    {
      digitalWrite(led,!digitalRead(led));
      while(digitalRead(button)==0);
    }
  }
}
```

三、编程要点

首先采用 if（digitalRead（button）== 0）检测低电平，如果低电平出现，延时 20ms，再次检测是否是低电平，经过 20s 的延时，如果还是低电平，就说明按键的确被按下了。判断按键抬起，采用 while（digitalRead（button）==0）这样的一个循环语句判断按键是否释放，如果按键没有释放，引脚应该是低电平，那么就循环再次读取，直到引脚变成高电平，退出循环。

<h2 style="text-align:center">项目 21　按键"多面手"</h2>

按键"多面手"实物图如图 3-21-1 所示。

按键"多面手"

图 3-21-1　按键"多面手"实物图

147

一、所需器材

名称	数量与规格	图示
电阻	2×220Ω	
LED	1×5mm LED	
LED	1×5mm LED	
按键	1×pin4	

二、硬件电路连接

（1）Arduino 与 LED 连接

Arduino	功能	发光二极管	功能
D2	数字接口	LED-Green	通过 220Ω 电阻连接正极
GND	负极	LED-Green	与负极连接
D3	数字接口	LED-Red	通过 220Ω 电阻连接正极
GND	负极	LED-Red	与负极连接

（2）Arduino 与按键连接

Arduino	功能	按键	功能
D8	数字接口	引脚	连接 Arduino 引脚 8，并通过 10kΩ 电阻连接正极
GND	负极	引脚	与负极连接

（3）器材布局

如图 3-21-2 所示。

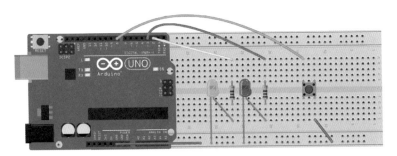

图 3-21-2　器材布局图

三、电路设计

（1）工作原理简介

程序中使用变量存储按键的次数，当按键1次，绿色LED点亮；按键2次，红色的 LED 点亮；按键 3 次，绿色与红色的 LED 全部点亮；按键 4 次，两个 LED 全部熄灭。

在程序中通过串口显示打印按键的次数以及 LED 工作状态。

（2）电路原理图

如图 3-21-3 所示。

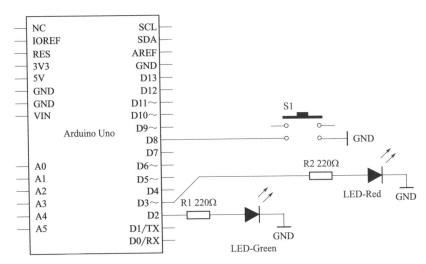

图 3-21-3　电路原理图

四、程序设计

```
int button=8;
int ledGreen=2;              // 绿色 LED
```

```
int ledRed=3;                          // 红色 LED
int num=0;                             // 记录按键状态
int dengdai=100;
void setup(   )
{
  pinMode(button,INPUT_PULLUP);        // 上拉功能
  pinMode(ledGreen,OUTPUT);
  pinMode(ledRed,OUTPUT);
  digitalWrite(ledGreen,LOW);          // 引脚初始化为低电平
  digitalWrite(ledRed,LOW);            // 引脚初始化为低电平
  Serial.begin(9600);
}
void loop(   )
{
 scanbutton(   );
 switch(num)
 {
  case 1:
  digitalWrite(ledGreen,HIGH);
  digitalWrite(ledRed,LOW);
   Serial.print(" 按键次数 :");Serial.print(num);Serial.println("- 绿色
LED 点亮 ");
   delay(dengdai);
   break;
  case 2:
  digitalWrite(ledGreen,LOW);
  digitalWrite(ledRed,HIGH);
   Serial.print(" 按键次数 :");Serial.print(num);Serial.println("-
红色 LED 点亮 ");
   delay(dengdai);
   break;
  case 3:
  digitalWrite(ledGreen,HIGH);
  digitalWrite(ledRed,HIGH);
```

```
    Serial.print(" 按键次数 :");Serial.print(num);Serial.println("-
绿色与红色 LED 全部点亮 ");
    delay(dengdai);
    break;
    case 4:
    digitalWrite(ledGreen,LOW);
    digitalWrite(ledRed,LOW);
    Serial.print(" 按键次数 :");Serial.print(num);Serial.println("-
绿色与红色 LED 全部熄灭 ");
    delay(dengdai);
    break;
    default:
    break;
    }
}
void   scanbutton( )
{
  if(digitalRead(button)==0)            // 判断按键状态
  {
    delay(20);
    if(digitalRead(button)==0)
    {
      num++;
     if(num > 4)
      {
        num=1;
      }
    }
    while(digitalRead(button)==0);  // 等待按键松手
  }
}
```

串口打印按键次数以及 LED 状态，如图 3-21-4 所示。

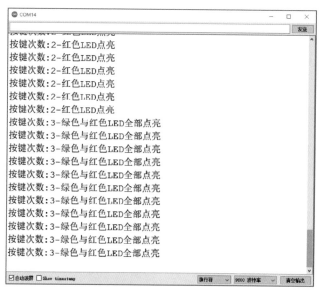

图 3-21-4　串口显示

五、编程要点

在程序中使用 switch 语句，实现对 LED 的控制。当程序中使用比较多的分支结构时，使用 switch…case 语句，程序显得比较整齐。

```
switch(表达式)          // 表达式只能是整型或者字符型。
{
    case 表达式1;
        语句1;
        break;
    case 表达式2;
        语句2;
        break;
    case 表达式3;
        语句3;
        break;
......
default:
        语句n;
        break;
}
```

当 switch 后面 "表达式" 的值与某个 case 后面的 "表达式" 的值相等时，就执行此 case 后面的语句。若所有的 case 中的表达式的值都没有与 switch 后面括号内 "表达式" 的值相等，就执行 default 后面的语句。

项目 22　报警器

报警器

发声器材分为有源蜂鸣器与无源蜂鸣器、扬声器等。蜂鸣器是一种简易的发声器材，在电子制作中经常使用，有源蜂鸣器只要加上额定直流电就能发声，而无源蜂鸣器（还有喇叭）内部无振荡源，必须使用一定频率的波形信号进行驱动。报警器高如图 3-22-1 所示。

图 3-22-1　报警器高清图

实现功能：声光提示，模拟电磁炉定时结束，蜂鸣器发音。

一、所需器材

名称	数量与规格	图示
电阻	1×220Ω	
LED	1×5mm LED	
有源蜂鸣器	1×5V	

二、硬件电路连接

（1）Arduino 与 LED 连接

Arduino	功能	发光二极管	功能
D2	数字接口（LED）	正极	D2 通过 220Ω 电阻连接正极
GND	负极	负极	与 Arduino 负极连接

（2）Arduino 与蜂鸣器连接

Arduino	功能	蜂鸣器	功能
D5	数字接口（LED）	正极	与 Arduino D5 连接
GND	负极	负极	与 Arduino 负极连接

（3）器材布局（实物采用有源蜂鸣器，请知晓）

如图 3-22-2 所示。

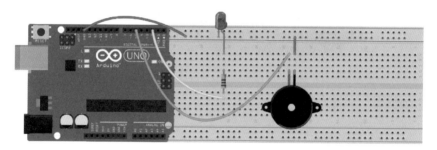

图 3-22-2　器材布局图

三、程序设计

```
int   beep=5;              // 设置控制蜂鸣器的数字 5 脚
int led=2;
void setup( )
{
pinMode(beep,OUTPUT);
 pinMode(led,OUTPUT);
}
```

```
void loop()
{
        digitalWrite(beep,HIGH);
         digitalWrite(led,LOW);
         delay(500);
         digitalWrite(beep,LOW);
         digitalWrite(led,HIGH);
         delay(500);
}
```

项目 23　模拟救护车音效

实现功能：本项目采用 for（　　）语句模拟消防报警音效。

一、所需器材

名称	数量与规格	图示
扬声器	1×8Ω	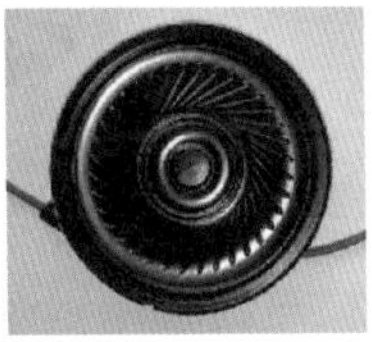

二、硬件电路连接

（1）Arduino 与扬声器连接

Arduino	功能	扬声器	功能
D3	数字接口	引脚	—
GND	负极	负极	与 Arduino 负极连接

（2）器材布局

如图 3-23-1 所示。

图 3-23-1　器材布局图

（3）实物布局

如图 3-23-2 所示。

图 3-23-2　实物布局图

三、程序设计

```
int   beep=3;
void setup(   )
{
  pinMode(beep,OUTPUT);
}
void loop( )
{
 for(int i=0;i<80;i++)            // 输出 1 个频率
   {
 digitalWrite(beep,HIGH);
```

```
delay(1);                                    // 延时 1ms
digitalWrite(beep,LOW);
delay(1);                                    // 延时 ms
}
 for(int i=0;i<120;i++)                       // 输出第 2 个频率
 {
digitalWrite(beep,HIGH);
delay(2);
digitalWrite(beep,LOW);
delay(2);
}
}
```

项目 24　利用函数 tone（　）控制扬声器

实现功能：扬声器响 2s，停 1s。

一、所需器材与硬件电路连接

参考项目二十三：模拟救护车音效。

二、程序设计

```
int beep=3;
void setup(){
  pinMode(beep,OUTPUT);
}

void loop(){
    long frequency=300;
    tone(beep,frequency );
    delay(2000);
    noTone(beep);                             // 停止发声
    delay(1000);
}
```

三、编程要点

使用 tone（　　）函数，通过 PWM 引脚，输出一个波形，让扬声器发声。

`tone(pin,frequency)`

参数 pin：要产生声音的引脚；

frequency：产生声音的频率，单位 Hz，类型 unsigned int；

函数 noTone（　　）：停止发声；

函数原型 noTone（pin）。

项目 25　人体红外感应报警

人体红外感应报警

人体恒定的体温一般在 37℃，所以会发出特定波长红外线，红外线通过菲泥尔滤光片增强后聚集到红外感应源上，红外感应源通常采用热释电元件，在接收到人体红外辐射温度发生变化时就会失去电荷平衡，向外释放电荷，经检测处理后输出信号，可以用于防盗报警。人体红外感应报警项目如图 3-25-1 所示。

图 3-25-1　人体红外感应报警项目高清图

一、所需器材

名称	数量与规格	图示
电阻	1×220Ω	
LED	1×5mm LED	

续表

名称	数量与规格	图示
人体红外感应	1×HR-SR501	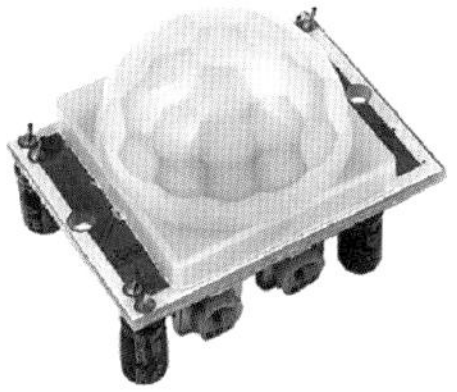 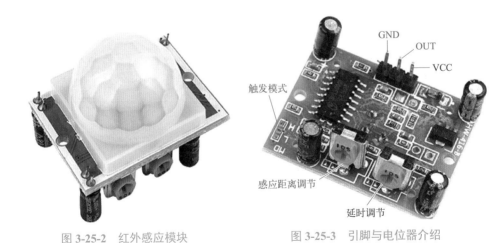

人体红外感应模块：

人体红外感应模块（型号：HR-SR501），工作电压 4 ～ 20V，有人时，输出高电平 3.3V；无人时，输出低电平 0V。红外感应模块如图 3-25-2 所示。

① 触发模式有两种：L 为不可触发模式，即感应输出电平后，在延时时间内，不再检查在延时时间内红外状态变化的情况，直到延时结束。H 为可重复触发模式，即感应输出电平后，在延时时间内，检测红外状态变化情况，如再次检测到红外状态变化，重新开始延时计时。一般默认为 H 模式。两种模式主要区别是高电平输出电平期间，是否再次检测区域内红外线变化情况。

② 感应距离调节。如图 3-25-3 所示，顺时针调节，感应距离增加，反之感应距离减少。（约 3 ～ 7m）

图 3-25-2 红外感应模块

图 3-25-3 引脚与电位器介绍

③ 延时时间调节。如图 3-25-3 所示，顺时针调节，延时时间增加，反之延时时间减少。（约 0.5 ～ 300s）

注意

人体红外感应模块在通电后约需 1min 初始化时间。

二、硬件电路连接

（1）Arduino 与 HR-SR501 连接

Arduino	功能	HR-SR501	功能
+5V	正极	VCC	正极
GND	负极	GND	负极
D3	数字接口	信号输出	信号输出 -3.3V（高电平）

（2）Arduino 与 LED 连接

Arduino	功能	LED	功能
D2	数字接口	正极	通过 220Ω 电阻与 D2 连接
GND	负极	GND	负极

（3）器材布局
如图 3-25-4 所示。

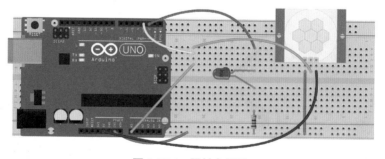

图 3-25-4　器材布局图

三、设计电路

（1）工作原理简介
检测到感应信号，输出高电平，LED 点亮；同时将输出高电平的电压数值通过串口输出。

（2）电路原理图

如图 3-25-5 所示。

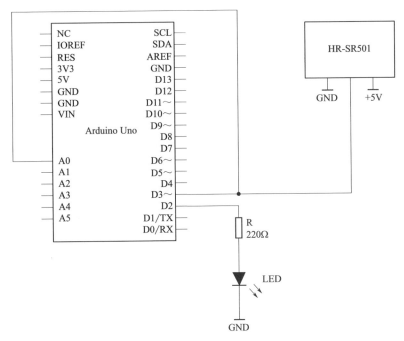

图 3-25-5　电路原理图

四、程序设计

```
int irOut=3;              // 红外模块输出引脚
int blueLed=2;            // 定义绿色 LED 连接引脚
void setup(  )
{
  pinMode(blueLed,OUTPUT);
  pinMode(irOut,INPUT);
  Serial.begin(9600);
  Serial.println(" 红外输出项目 :");
  delay(3000);
}
void loop(  )
{
```

```
int val=digitalRead(irOut);// 读取红外输出电平状态
int val1=analogRead(A0);    // 读取红外输出模拟量，主要观察红外模块在
                               高电平时电压。
float V=5.00*val1 / 1024;
Serial.print(" 红外输出电压 :");
Serial.println(V);
delay(1000);
if(val==HIGH)
{
  digitalWrite(blueLed,HIGH);
  Serial.print(" 红外输出电平状态 :");
  Serial.println("HIGH");
  delay(1000);
}
else
{
  digitalWrite(blueLed,LOW);
  Serial.print(" 红外输出电平状态 :");
  Serial.println("LOW");
  delay(1000);
}
}
```

串口输出状态，如图 3-25-6 所示。

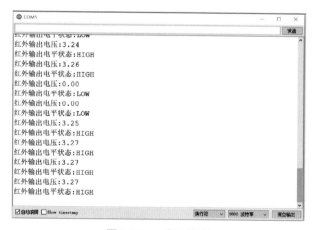

图 3-25-6　串口输出

项目 26 炫彩 LED

炫彩 LED

RGB LED 内部集成了红（R）、绿（G）、蓝（B）三种 LED，分别驱动三个 LED 就可以显示不同的颜色，商场中播放广告的 LED 显示屏，就是集成了成千上万个 RGB LED。炫彩 LED 项目如图 3-26-1 所示。

图 3-26-1 炫彩 LED 高清图

实现功能：随机取值，通过模拟函数输出给 LED 引脚，呈现五彩缤纷的 LED 效果。

一、所需器材

名称	数量与规格	图示
电阻	3×220Ω	
LED	1×5mm LED	

RGB LED 如图 3-26-2 所示，注意引脚排列顺序。RGB LED 分为共阳与共阴两种，所谓的共阴 RGB LED 就是将红、绿、蓝三个 LED 集成在一起的时候，三个 LED 的阴极接在一起，共阳 RGB LED 也是同样的道理。

163

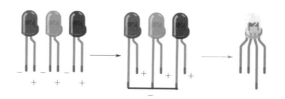

图 3-26-2　RGB LED

二、硬件电路连接

（1）Arduino 与 RGB-LED 连接

Arduino	功能	RGB LED（共阴）	功能
D9	数字接口	B	蓝色 LED
D10	数字接口	G	绿色 LED
D11	数字接口	R	红色 LED
GND	负极	GND	负极

（2）器材布局

如图 3-26-3 所示。

图 3-26-3　器材布局图

（3）实物布局

如图 3-26-4 所示。

图 3-26-4　实物布局图

三、程序设计

```
int blueled=9;

int greenled=10;

int redled=11;

int delaytime=100;

void setup()

{

  Serial.begin(9600);

}

void loop( ){

    int x=random(0,255);

    int y=random(0,255);

    int z=random(0,255);

    Serial.println(x);

    Serial.println(y);

    Serial.println(z);

    delay(100);

    color(x,y,z);

    delay(delaytime);

}

void color(int blue,int green,int red)

{

  analogWrite(blueled,blue);

  analogWrite(greenled,green);

  analogWrite(redled,red);

}
```

四、编程要点

函数：random（参数）；

格式：random（a）返回 0 ～ a-1 随机数；

格式：random（a，b）返回 a ～ b-1 随机数。

if…else if… else 语句

```
if ( 表达式 1 )
{
  语句 1;
}
else if ( 表达式 2 )
{
  语句 2;
}
else if ( 表达式 3 )
{
  语句 3;
}
……
else
{
  语句 4;
}
```

从上到下判断表达式，"if（如果）"第一个表达式 1 成立，就执行第一个语句；"else if（否则如果）"第二个语句成立，就执行第二个语句……一直走到 else 语句，说明之前的判断条件都不满足，执行语句 4。

项目 27　RGB-LED 显示 1600 万色

一、所需器材和硬件电路连接

参考项目二十六：炫彩 LED。

实现功能：通过 for（　　）语句，RGB-LED 显示 1600 万色。

二、程序设计

```
int blueled=9;
int greenled=10;
```

```
int redled=11;
int delaytime=1;
int x,y,z;
void setup( )
{
  Serial.begin(9600);
}
void loop( )
{
  color( );
  delay(delaytime);
}
void color( )
{
  for(int x=1;x<=255;x++)          // 逐渐提高蓝色亮度
  {
    analogWrite(blueled,x);
    Serial.print("blue:");
    Serial.println(x);
    for(int y=1;y<=255;y++)        // 逐渐提高绿色亮度
    {
      analogWrite(greenled,y);
      Serial.print("green:");
      Serial.println(y);
      for(int z=1;z<=255;z++)     // 逐渐提高红色亮度
      {
        analogWrite(redled,z);
        Serial.print("red:");
        Serial.println(z);
      }
    }
  }
}
```

三、编程要点

采用三个 for 语句循环，将三种颜色混合显示，达到 1600 万色。
循环显示如下。

analogWrite（blueled, 1）	analogWrite（greenled, 1）	analogWrite（redled, 1） - analogWrite（redled, 255）
	……	analogWrite（redled, 1） - analogWrite（redled, 255）
	analogWrite（greenled, 255）	analogWrite（redled, 1） - analogWrite（redled, 255）
analogWrite（blueled, 2）	analogWrite（greenled, 1）	analogWrite（redled, 1） - analogWrite（redled, 255）
	……	analogWrite（redled, 1） - analogWrite（redled, 255）
	analogWrite（greenled, 255）	analogWrite（redled, 1） - analogWrite（redled, 255）
……	依次类推	依次类推
analogWrite（blueled, 255）	依次类推	依次类推

数码管骰子

项目 28　数码管骰子

　　休闲放松，朋友在一起玩，经常会用到骰子 🎲 。由于每次掷出的数字都是不确定的，没有规律，趣味性强。本项目通过编写程序以及采用数码管制作一款智能骰子，如图 3-28-1 所示。

图 3-28-1　数码管骰子

一、所需器材

名称	数量与规格	图示
电阻	8×220Ω	
数码管	1× 共阳 0.56in	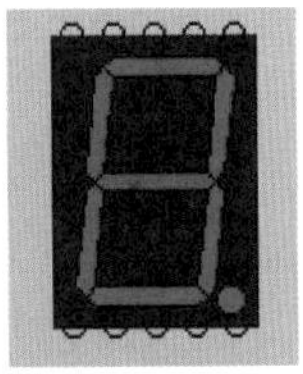
LED	1×5mm LED	
按键	4pin	
电阻	1×10kΩ	

二、硬件电路连接

（1）Arduino 与数码管连接

Arduino	功能	一位数码管	功能
D3	数字接口	a	段码
D4	数字接口	b	段码
D5	数字接口	c	段码
D6	数字接口	d	段码
D7	数字接口	e	段码
D8	数字接口	f	段码
D9	数字接口	g	段码
5V	电源正极	公共极	供电

（2）Arduino 与按键连接

Arduino	功能	按键	功能
D2	数字接口	另一端与 +5V 连接	中断

三、设计电路

（1）工作原理简介

当按动按键时，触发中断函数，通过随机函数在 1 ~ 6 之间产生随机数，并在数码管上显示相应的数字，LED 用于按键工作指示。

（2）电路原理图

如图 3-28-2 所示。

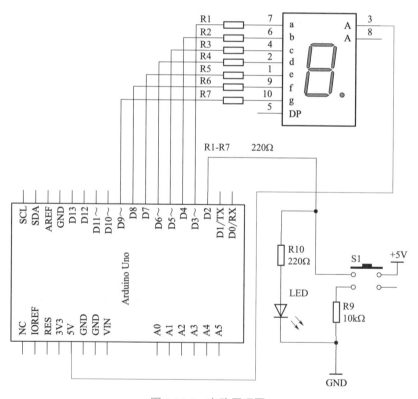

图 3-28-2　电路原理图

（3）实物布局

如图 3-28-3 所示。

图 3-28-3　实物布局图

四、程序设计

```
int smg [10][7]=          // 二维数组
  {
    {0,0,0,0,0,0,1},     // 数字 0
    {1,0,0,1,1,1,1},     // 数字 1
    {0,0,1,0,0,1,0},     // 数字 2
    {0,0,0,1,1,0},       // 数字 3
    {1,0,0,1,1,0,0},     // 数字 4
    {0,1,0,0,1,0,0},     // 数字 5
    {0,1,0,0,0,0,0},     // 数字 6
    {0,0,0,1,1,1,1},     // 数字 7
    {0,0,0,0,0,0,0},     // 数字 8
    {0,0,0,0,1,0,0},     // 数字 9
    };
int x;                    // 定义全局变量
void setup(  )
{
  for(int i=3;i<10;i++)
  {
  pinMode(i,OUTPUT);
  digitalWrite(i,HIGH);
          // 初始化 pin3-pin9, 引脚输出高电平, 确保数码管处于熄灭状态。
  }
  Serial.begin(9600);
```

```
    attachInterrupt(0,zd,RISING);          // 由低变高触发中断
}
void loop(  )
{
  Serial.print(" 随机数 :");
  Serial.println(x);
  delay(100);
}
void xianshi(int m)
 {
    for(int n=3;n<10;n++)
    {
      digitalWrite(n,smg[m][n-3]);
    }
}
void zd(   )                              // 中断函数
{
  x=random(1,7);                          // 产生随机函数
  xianshi(x);
}
```

串口显示如图 3-28-4 所示。

图 3-28-4　串口显示

项目 29　随机显示 LED 亮度

一、所需器材

名称	数量与规格	图示
模块	1× 红绿灯模块	

二、硬件连接（本项目采用红绿模块，简化电路）

（1）Arduino 与红绿灯模块连接

Arduino	功能	红绿灯模块	功能
D8	数字接口	GND	负极
D9	数字接口	R	红色 LED
D10	数字接口	Y	黄色 LED
D11	数字接口	G	绿色 LED

（2）实物布局

如图 3-29-1 所示。

图 3-29-1　实物布局图

三、设计电路

（1）工作原理简介

采用随机数函数，范围是 0 ～ 255 之间的数字，然后模拟量输出，LED 随机显示不同的亮度，同时串口显示随机数值。

（2）电路原理图

如图 3-29-2 所示。

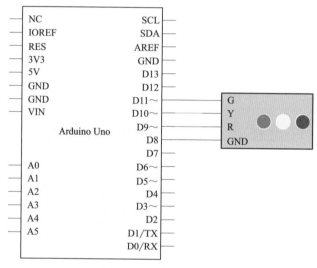

图 3-29-2　电路原理图

四、程序设计

```
int Led8=8;

int Led9=9;

int Led10=10;

int Led11=11;

void setup( )

{

  Serial.begin(9600);

  randomSeed(analogRead(0));          // 随机种子

  for(int i=8;i<12;i++)

  {

    pinMode(i,OUTPUT);
```

```
    }
    digitalWrite(Led8,LOW);
}
void loop(  )
{
    int val9=random(256);              // 随机 0 ～ 255 之间数值
    Serial.print("val9:");
    Serial.println(val9);
    analogWrite(Led9,val9);
    delay(500);

    int val10=random(50,256);          // 随机 50 ～ 255 之间数值
    Serial.print("val10:");
    Serial.println(val10);
    analogWrite(Led10,val10);
    delay(500);

    int val11=random(1,256);           // 随机 1 ～ 255 之间数值
    Serial.print("val11:");
    Serial.println(val11);
    analogWrite(Led11,val11);
    delay(500);
}
```

五、编程要点

① 随机数种子。在产生随机数之前，先执行产生随机数种子的函数，randomSeed（analogRead（pin）），其中 analogRead（pin），pin 为模拟接口，当模拟接口悬空的时候，analogRead（pin）读到的是不确定的模拟数值，用它做随机种子，可以获取更佳的随机数，如图 3-29-3 所示。

在"数码管骰子"以及"炫彩灯"项目实战中可以自行加上随机数种子函数。

```
void loop( )
{
  int val9 = random(256);//随机0-255之间数值
  Serial.print("val9:");
  Serial.println(val9);
  analogWrite(Led9, val9);
  delay(500);

  int val10 = random(50, 256);//随机50-255之间数值
  Serial.print("val10:");
  Serial.println(val10);
  analogWrite(Led10, val10);
  delay(500);

  int val11 = random(1, 256);//随机1-255之间数值
  Serial.print("val11:");
  Serial.println(val11);
  analogWrite(Led11, val11);
  delay(500);
}
```

```
COM20
val10:176
val11:161
val9:95
val10:143
val11:184
val9:188
val10:174
val11:149
val9:55
val10:202
val11:184
val9:178
val10:162
val11:140
val9:103
val10:207
```

图 3-29-3　随机数

② 通过简单程序，观察产生的随机数。

```
   void setup( )
{
  Serial.begin(9600);
  randomSeed(analogRead(0));        // 随机种子
 }
void loop( )
{
  int val=random(3);                // 随机 0 ～ 3 之间数值
  Serial.print(val);
  delay(2000);
}
```

效果如图 3-29-4 所示。

176

编写随机种子(产生真正的随机数)

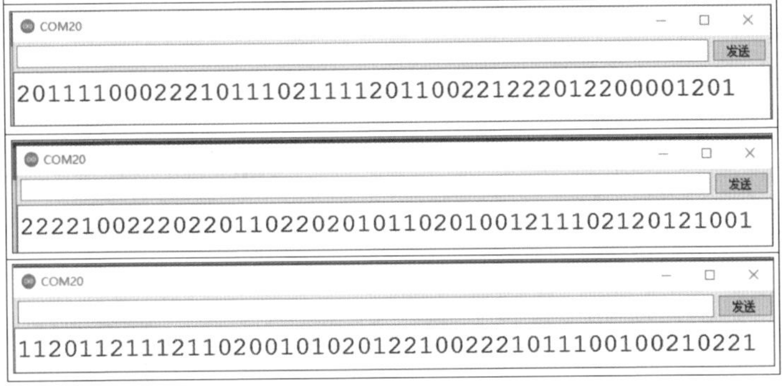

COM20 — □ ×

发送

20111100022210111021111201100221222012200001201

COM20 — □ ×

发送

22221002220220110220200101102010001211102120121001

COM20 — □ ×

发送

11201121111211020001010201221002221011100100210221

图 3-29-4 观察随机数

可以看出，在重启设备后，每次都会产生相同的随机数，不是真正的随机数。之所以产生相同的随机数，是因为初始值是一样的，常用的解决办法就是编写随机种子，利用读取模拟输入数值作为随机数初始点。

项目 30 驱动直流电机

驱动直流电机

Arduino 主控板属于控制型器件，它的数字接口可以提供最高 40mA 电流与 5V 电压，因而不能直接驱动电机。当驱动电机（例如制作智能小车等）时，应采用专用 L298N 驱动模块，Arduino 只负责控制程序。驱动直流电机项目如图 3-30-1 所示。

图 3-30-1 驱动直流电机

一、所需器材

名称	数量与规格	图示
电机	1	
电机驱动模块	1×L298N	

主要器材介绍

（1）电机

工业中使用的牵引设备、车床等都需要电动机。生活中电脑散热风扇、电冰箱压缩机、电动自行车、电动玩具中都有电动机的身影。电动机工作原理浅析如下。

通电导体在磁场中的运动方向，可以用图 3-30-2 解释，红色箭头表示电流方向，蓝色箭头表示通电后导体在磁场中的受力方向。

图 3-30-2　电流、磁场、运动方向关系

科学家安培经过大量的实验，总结出了电流与磁场、运动方向之间的关系。

> 左手定则（电动机定则）：伸开左手，使大拇指与其余四指垂直，并且都跟手掌在一个平面内，把左手放入磁场中，让磁感线垂直穿入手心（手心对准 S 极，手背对准 S 极），四指指向电流方向，则大拇指的方向就是导体受力方向。

电动机中通电线圈要想在磁场中能持续转下去，只有改变磁场的方向或者电流的方向，如图 3-30-3 所示。对于直流电动机，一般采用换向器改变通入线圈电流的方向。直流电动机在转动的过程中，依次接触换向器的金属环，线圈的电流方向不断改变，转子有了持续的扭矩而转动起来。

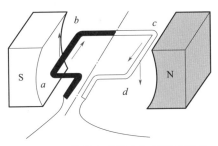

图 3-30-3　线圈在磁场中如何持续运动

换向器如图 3-30-4 所示，电刷如图 3-30-5 所示。

图 3-30-4　换向器

图 3-30-5　电刷

（2）L298N 驱动模块

L298N 是专用驱动集成电路，属于 H 桥工作方式，如图 3-30-6 所示，可驱动感性负载，如大功率直流电机、步进电机等。其输入端可以与单片机的 I/O 直接相连，驱动直流电机时，可以实现电机正转或反转，还可以进行 PWM 调速。L298N 可驱动 2 个电动机，OUT1、OUT2 和 OUT3、OUT4 之间可分别接电动机。IN1、IN2、IN3、IN4 引脚接输入控制高低电平（IN1、IN2 控制 OUT1、OUT2，IN3、IN4 控制 OUT3、OUT4），控制电机的正反转。ENA、ENB 接控制使能端，控制电机的停转或调速。

本模块逻辑供电（也就是 L298N 集成块供电）+5V，使用内置 7805 供电（可以给 L298N 集成电路逻辑供电，同时可以经过接线端子往外输出 5V 电源），当电机驱动电压大于 12V 的时候，将 L298N 模块上"5V 使能"跳线帽拔掉，采用外部 5V 电压给 L298N 集成块逻辑供电。

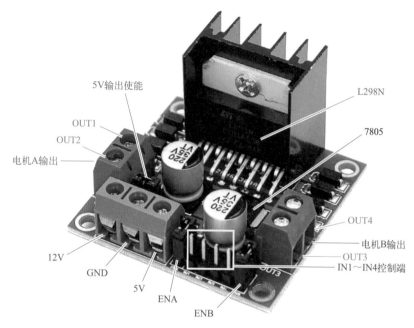

图 3-30-6　L298N 驱动模块

① L298N 引脚功能如下。

序号	名称	功能	序号	名称	功能
1	SENSE A	电流反馈引脚	9	VSS	逻辑正极
2	OUT1	输出 1	10	IN3	输入 3
3	OUT2	输出 2	11	ENB	使能 B
4	VS	电源电压	12	IN4	输入 4
5	IN1	输入 1	13	OUT3	输出 3
6	ENA	使能 A	14	OUT4	输出 4
7	IN2	输入 2	15	SENSE B	电流反馈引脚
8	GND	负极	—	—	—

② 功能引脚电平状态（使用一路输出，驱动电源电压 6V，实测电压）。

ENA（可 PWM 调速）	IN1	IN2	OUT1	OUT2	运转状态
0	x	x	0V	0V	停止
1	1	0	4.97 V	0.7 V	正转

ENA（可 PWM 调速）	IN1	IN2	OUT1	OUT2	运转状态
1	0	1	0.7 V	4.96 V	反转
1	1	1	5.88 V	5.88 V	刹停
1	0	0	0V	0V	停止

③ H 桥电路分析。如何让电机改变转动方向呢？可以采用 H 桥实现。H 桥电路中一般使用三极管或者场效应管代替，本电路图中使用开关代替进行分析，如图 3-30-7 所示。

通过程序控制，当开关 S1 与 S4 闭合后，电流从正极流经 S1、电机 A 端子、电机 B 端子、S4 到负极实现电机正转；当开关 S3 与 S2 闭合后，电流从正极流经 S3、电机 B 端子、电机 A 端子、S2 到负极实现电机反转。

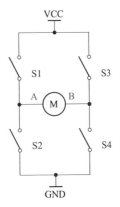

图 3-30-7　H 桥示意图

二、硬件电路连接

Arduino 与 L298N 连接

Arduino	功能	LN298N	功能
9	数字接口	ENA	使能
3	数字接口	IN1	控制信号输入
4	数字接口	IN2	控制信号输入

三、电路设计

（1）工作原理简介

本电路中采用 4 节 5 号电池作为电机驱动电路电源，并且需要 L298N 驱动模块负极与 Arduino 控制板的负极通过面包线连接在一起（称之为"共地"），否则 L298N 控制端无法识别控制高低电平。通过控制 IN1、IN2 控制端高低电平，实现电机正反转、停机等运行状态。

（2）电路原理图

如图 3-30-8 所示。

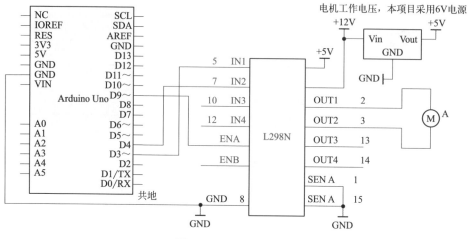

图 3-30-8　电路原理图

四、程序设计

```
int IN1=3;
int IN2=4;
int ENA=6;
void setup( )
{
  pinMode(IN1,OUTPUT);
  pinMode(IN2,OUTPUT);
}
void loop(  )
{
  zhengZhuan( );              // 正转 5s, 停止 5s
  delay(5000);
  tingZhi( );
  delay(5000);

  fanZhuan( );               // 反转 2s, 停止 5s
  delay(2000);
  tingZhi1( );
  delay(1000);

  pwd(  );                   //PWM 调速
```

```
  delay(5000);
  shating( );
  delay(1000);
}
void zhengZhuan( )
{
  digitalWrite(IN1,HIGH);
  digitalWrite(IN2,LOW);
  digitalWrite(ENA,HIGH);
}
void fanZhuan( )
{
  digitalWrite(IN1,LOW);
  digitalWrite(IN2,HIGH);
  digitalWrite(ENA,HIGH);
}
void tingZhi( )
{
  digitalWrite(IN1,LOW);
  digitalWrite(IN2,LOW);
  digitalWrite(ENA,LOW);
}
void tingZhi1( )
{
  digitalWrite(IN1,LOW);
  digitalWrite(IN2,LOW);
  digitalWrite(ENA,HIGH);
}
void shating( )
{
  digitalWrite(IN1,HIGH);
  digitalWrite(IN2,HIGH);
  digitalWrite(ENA,HIGH);
}
void pwd( )                //pwm 调速逐渐加速
{
```

```
for(int i=200;i<=255;i++)
{
  digitalWrite(IN1,HIGH);
  digitalWrite(IN2,LOW);
  analogWrite(ENA,i);
}
}
```

项目 31　串口实时显示温度

本项目的实物图如图 3-31-1 所示。

图 3-31-1　实物布局（图中按键 /LED/220Ω 电阻在本项目中未使用）

一、所需器材

名称	数量与规格	图示
电阻	1×10kΩ	
温度传感器	1×18B20	或者

温度传感器 18B20

采用 DALLAS（达拉斯）公司生产的传感器，型号为 DS18B20，一总线结构，外围电路非常简洁。DS18B20 外观如图 3-31-2 所示。

引脚排列如图 3-31-3 所示。

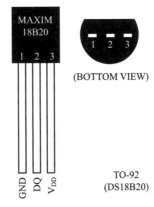

图 3-31-2　DS18B20　　　　　　图 3-31-3　DS18B20 引脚排列示意图

GND 为电源地，DQ 为数据输入 / 输出，VCC 为电源输入端。

DS18B20 图形符号，如图 3-31-4 所示，用 U 表示。

由于 DS18B20 温度传感器本身没有输出高电平的能力，在单片机读取"1"（即高电平）时，必须使用其他方式，一般在信号输入 / 输出端子 DQ 接一个上拉电阻，上拉电阻的典型阻值为 10kΩ，如图 3-31-5 所示。

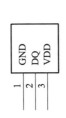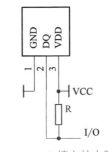

图 3-31-4　DS18B20 图形符号　　　图 3-31-5　DQ 接上拉电阻

二、硬件电路连接

Arduino 与 DS18B20 连接

Arduino	功能	DS18B20	功能
5V	电源正极	VCC	正极
GND	电源负极	GND	负极
D9	数字接口	DQ	数据输入 / 输出

三、电路设计

（1）工作原理简介

DS18B20传感器实时采集温度，经过程序计算出温度数值，并在串口中实时显示出来。

（2）电路原理图

如图 3-31-6 所示。

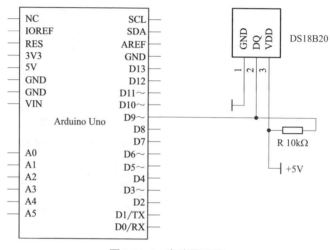

图 3-31-6　电路原理图

四、程序设计

```
#include<OneWire.h>                        // 调用单总线库
#include<DallasTemperature.h>              // 调用传感器 18B20 库
#define datapin 9                          // 定义 DS18B20 传感器数据传输引脚
OneWire onewire(datapin);
DallasTemperature sensors(&onewire);
void setup(   )
{
  Serial.begin(9600);                      // 初始化串口
  Serial.println("18B20 实时采集温度 ");
  sensors.begin(   );                      // 初始化温度传感器 18B20
}
void loop(   )
{
```

```
    sensors.requestTemperatures( );        // 对传感器发送请求
    Serial.print(" 温度:");                // 串口打印
    float val=sensors.getTempCByIndex(0);  // 读取温度值，并赋值给 val
    Serial.print(val);                     // 打印温度值
    Serial.println("℃ ");                 // 打印温度符号
    delay(1000);                           // 延时 1s
}
```

串口显示温度如图 3-31-7 所示。

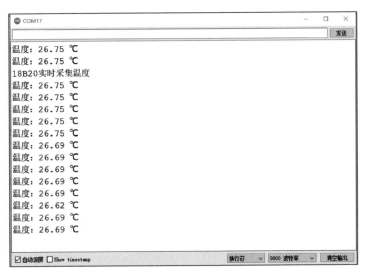

图 3-31-7　串口显示温度

五、编程要点

本程序使用到两个 OneWire.h 以及 DallasTemperature.h 函数，在编写程序之前要将两个库文件放到 Library 文件夹中。

六、如何加载库文件

在程序中使用库文件后，就可以非常方便使用传感器、液晶显示器等，Arduino IDE 内置了许多库文件，比如 Servo（舵机库文件），对于没有内置的库文件，通过以下方法加载库文件。

方法一：通过项目—加载库—管理库，如图 3-31-8 所示，搜索你需要的库文件，结果如图 3-31-9 所示。

图 3-31-8　加载库

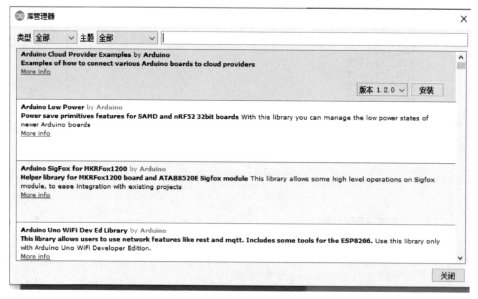

图 3-31-9　搜索库文件

　　搜索完毕，等待 Arduino 软件（IDE）安装新库。下载与网速有关，可能需要一段时间。

　　方法二：通过网络下载库文件以及加载库文件。

　　网络搜索下载库文件后，按照以下步骤操作。

　　① 鼠标右键点击 Arduino 软件选择属性，如图 3-31-10 所示。

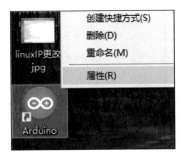

图 3-31-10 选择属性

② 打开文件夹所在的位置，如图 3-31-11 所示。

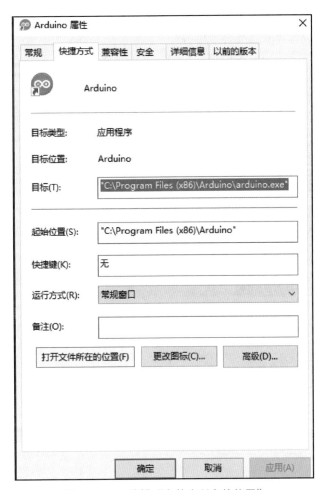

图 3-31-11 选择"文件夹所在的位置"

③ 将网上下载好的库文件，放到 libraries 文件中，如图 3-31-12 所示。

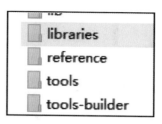

图 3-31-12　libraries 文件夹

项目 32　RGB-LED 按照规律显示颜色

本项目实物图如图 3-32-1 所示。

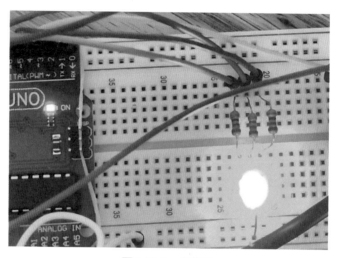

图 3-32-1　实物图

一、所需器材

名称	数量与规格	图示
电阻	3×220Ω	
LED	1×5mm LED	

二、硬件电路连接

（1）Arduino 与 RGB-LED 连接

Arduino	功能	RGB LED（共阴）	功能
D6	数字接口	B	蓝色 LED
D5	数字接口	G	绿色 LED
D3	数字接口	R	红色 LED
GND	负极	GND	负极

（2）器材布局
如图 3-32-2 所示。

图 3-32-2　器材布局图

三、设计电路

（1）工作原理简介

光色三基色为红、绿、蓝，分别用字母 R、G、B 表示。光色组合颜色：红＋绿＝黄，红＋蓝＝紫，绿＋蓝＝青，红＋绿＋蓝＝白，如图 3-32-3 所示。

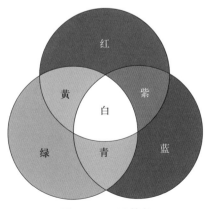

图 3-32-3　三基色

程序中设计，RGB-LED 按照一定规律依次循环显示红、绿、蓝、黄、紫、青、白颜色。

（2）电路原理图

如图 3-32-4 所示。

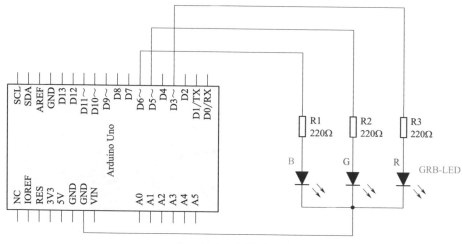

图 3-32-4　电路原理图

四、程序设计

```
int LEDr=3;

int LEDg=5;

int LEDb=6;

int dd=1000;

enum {r,g,b,rg,rb,gb,rgb};      // 红、绿、蓝、黄、紫、青、白

void setup(   )

{

  pinMode(LEDb,OUTPUT);

  pinMode(LEDg,OUTPUT);

  pinMode(LEDr,OUTPUT);

}

void loop(   )

{

  int i;

  for(i=0;i<7;i++)
```

```
    {
      color(i);
      delay(dd);
    }
}
void color(int x)
{
  switch(x)
  {
    case r:                    // 红
    digitalWrite(LEDr,HIGH);
    digitalWrite(LEDg,LOW);
    digitalWrite(LEDb,LOW);
    break;

    case g:                    // 绿
    digitalWrite(LEDr,LOW);
    digitalWrite(LEDg,HIGH);
    digitalWrite(LEDb,LOW);
    break;

    case b:                    // 蓝
    digitalWrite(LEDr,LOW);
    digitalWrite(LEDg,LOW);
    digitalWrite(LEDb,HIGH);
    break;

    case rg:                   // 黄
    digitalWrite(LEDr,HIGH);
    digitalWrite(LEDg,HIGH);
    digitalWrite(LEDb,LOW);
    break;
```

```
case rb:                        // 紫
digitalWrite(LEDr,HIGH);
digitalWrite(LEDg,LOW);
digitalWrite(LEDb,HIGH);
break;

case gb:                        // 青
digitalWrite(LEDr,LOW);
digitalWrite(LEDg,HIGH);
digitalWrite(LEDb,HIGH);
break;

case rgb:                       // 白
digitalWrite(LEDr,HIGH);
digitalWrite(LEDg,HIGH);
digitalWrite(LEDb,HIGH);
break;
default:
break;
}
}
```

五、编程要点

Enum{ } 枚举函数专门用来定义枚举类型。例如：enum {r，g，b，rg，rb，gb，rgb}；可以看出没有给出名字对应的值，这是因为枚举值默认从 0 开始，往后逐个加 1（递增）；也就是说，r，g，b，rg，rb，gb，rgb 对应的值分别为 0、1……6。

项目 33　RGB LED 通过按键显示不同的颜色

本项目利用按键让 RGB-LED 灯显示不同颜色，实物图如图 3-33-1 所示。

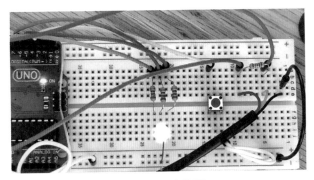

图 3-33-1 实物图

一、所需器材

名称	数量与规格	图示
电阻	3×220Ω	
LED	1×5mm LED	
按键	1×pin4	

二、硬件电路连接

（1）Arduino 与 RGB-LED、按键连接

Arduino	功能	RGB LED（共阴）	功能
D6	数字接口	B	蓝色 LED
D5	数字接口	G	绿色 LED
D3	数字接口	R	红色 LED
GND	负极	GND	负极
D2	数字接口	按键	—

（2）器材布局

如图 3-33-2 所示。

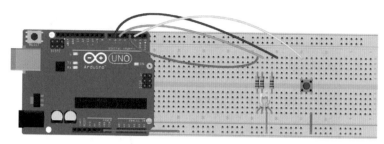

图 3-33-2　器材布局图

三、电路设计

（1）工作原理简介

通过按压按键，依次显示红、绿、蓝、黄、紫、青、白颜色。串口同时显示按键次数，当按键次数大于 7 的时候，从 0 开始计数。

（2）电路原理图

如图 3-33-3 所示。

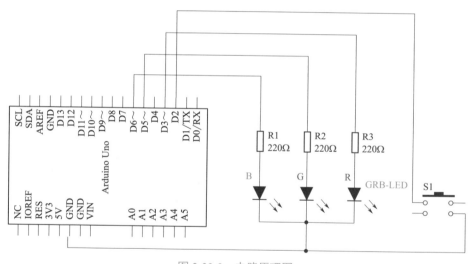

图 3-33-3　电路原理图

四、程序设计

```
int KEY=2;

int LEDr=3;

int LEDg=5;

int LEDb=6;
```

```
int dd=3000;
int num;
enum {r,g,b,rg,rb,gb,rgb};              // 红、绿、蓝、黄、紫、青、白
void setup(  )
{
  pinMode(LEDb,OUTPUT);
  pinMode(LEDg,OUTPUT);
  pinMode(LEDr,OUTPUT);
  pinMode(KEY,INPUT_PULLUP);
   Serial.begin(9600 );                 // 串口初始化
}
void loop(   )
{
  Scankey(  );
}
void Scankey(  )                        // 按键函数
{
  if(digitalRead(KEY)==0)
  {
     delay(20);
     if(digitalRead(KEY)==0)
        {
        delay(20);
        Serial.println(num);
        color(num);
        num++;
        if(num==7)
           {
            num=0;
           }
        while(digitalRead(KEY)==0);  // 等待按键释放
        }
    }
 }
 void color(int x)
 {
```

```
switch(x)
{
  case r:            // 红
    digitalWrite(LEDr,HIGH);
    digitalWrite(LEDg,LOW);
    digitalWrite(LEDb,LOW);
    break;

  case g:            // 绿
    digitalWrite(LEDr,LOW);
    digitalWrite(LEDg,HIGH);
    digitalWrite(LEDb,LOW);
    break;

  case b:            // 蓝
    digitalWrite(LEDr,LOW);
    digitalWrite(LEDg,LOW);
    digitalWrite(LEDb,HIGH);
    break;

  case rg:           // 黄
    digitalWrite(LEDr,HIGH);
    digitalWrite(LEDg,HIGH);
    digitalWrite(LEDb,LOW);
    break;

  case rb:           // 紫
    digitalWrite(LEDr,HIGH);
    digitalWrite(LEDg,LOW);
    digitalWrite(LEDb,HIGH);
    break;

  case gb:           // 青
    digitalWrite(LEDr,LOW);
    digitalWrite(LEDg,HIGH);
    digitalWrite(LEDb,HIGH);
```

```
      break;

    case rgb:                    // 白
      digitalWrite(LEDr,HIGH);
      digitalWrite(LEDg,HIGH);
      digitalWrite(LEDb,HIGH);
      break;
    default:
      break;
  }
  //default;
}
```

串口显示按键次数，如图 3-33-4 所示。

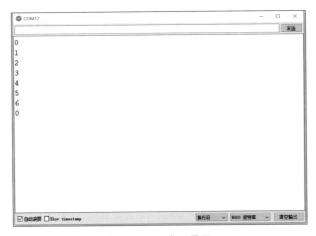

图 3-33-4　串口显示

项目 34　智能保温杯

智能保温杯

　　早期的温度计都是刻度形式表示，比如水银温度计，随着科技的发展，热电偶温度计曾经占据测温市场，如今数字化时代到来，新技术日新月异，数字化温度传感器电路简化，测温精度高，响应迅速，已经广泛应用于工业生产及日常生活中。智能保温杯项目如图 3-34-1 所示。

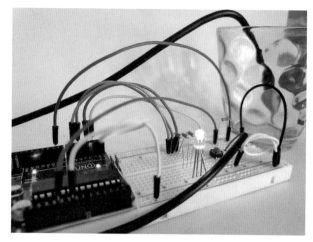

图 3-34-1　智能保温杯项目高清图

一、所需器材

名称	数量与规格	图示
电阻	3×220Ω	
LED	1×5mm LED	
温度传感器	1×DS18B20	或者

二、硬件电路连接

（1）Arduino 与 RGB-LED 连接

Arduino	功能	RGB LED（共阴）	功能
D6	数字接口	B	蓝色 LED
D5	数字接口	G	绿色 LED
D3	数字接口	R	红色 LED
GND	负极	GND	负极

（2）Arduino 与 DS18B20 连接

Arduino	功能	DS18B20	功能
5V	电源正极	VCC	正极
GND	电源负极	GND	负极
D9	数字接口	DQ	反馈信号

三、设计电路

按照温度区间，LED 显示不同的颜色，能直接观看颜色判断水温，还可以串口显示温度区间状态以及 LED 显示颜色。电路原理图如图 3-34-2 所示。

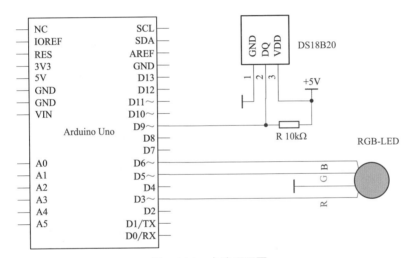

图 3-34-2　电路原理图

四、程序设计

```
int LEDr=3;
int LEDg=5;
int LEDb=6;
int dd=3000;

#include<OneWire.h>                    // 调用单总线库
#include<DallasTemperature.h>          // 调用传感器 18B20 库
#define datapin 9                      // 定义 DS18B20 传感器数据传输引脚
```

```
OneWire onewire(datapin);
DallasTemperature sensors(&onewire);


enum {r,g,b,rg,rb,gb,rgb};              // 红、绿、蓝、黄、紫、青
void setup(  )
{
  pinMode(LEDb,OUTPUT);
  pinMode(LEDg,OUTPUT);
  pinMode(LEDr,OUTPUT);

  Serial.begin(9600);                   // 初始化串口
  Serial.println("18B20 实时采集温度 ");
  sensors.begin(  );                    // 初始化温度传感器 18B20
}
void loop(  )
{
  sensors.requestTemperatures(  );      // 对传感器发送请求
  Serial.print(" 温度：");              // 串口打印
  float val=sensors.getTempCByIndex(0); // 读取温度值，并赋值给 val
  Serial.print(val);                    // 打印温度值
  Serial.println(" ℃ ");               // 打印温度符号
  delay(1000);                          // 延时 1s

  if((val>=0)&&(val<=28))               // 温度判断级别读者自行修改
  {
    color(1);                           // 绿
    Serial.println(" 温度小于 28 度，显示绿色 ");
  }
  if((val > 28)&&(val<=30))
  {
    color(0);                           // 红
    Serial.println(" 温度在 28 度 -30 度之间，显示红色 ");
  }
  if((val > 30)&&(val<=32))
  {
```

```
    color(2);              // 蓝
    Serial.println(" 温度在 30 度 -32 度之间，显示蓝色 ");
  }
  if(val > 32)
  {
    color(4);              // 紫
    Serial.println(" 温度大于 32 度，显示紫色 ");
  }
}
void color(int x)
{
  switch(x)
  {
    case r:                // 红
      digitalWrite(LEDr,HIGH);
      digitalWrite(LEDg,LOW);
      digitalWrite(LEDb,LOW);
      break;

    case g:                // 绿
      digitalWrite(LEDr,LOW);
      digitalWrite(LEDg,HIGH);
      digitalWrite(LEDb,LOW);
      break;

    case b:                // 蓝
      digitalWrite(LEDr,LOW);
      digitalWrite(LEDg,LOW);
      digitalWrite(LEDb,HIGH);
      break;

    case rg:               // 黄
      digitalWrite(LEDr,HIGH);
      digitalWrite(LEDg,HIGH);
      digitalWrite(LEDb,LOW);
      break;
```

```
    case rb:              // 紫
      digitalWrite(LEDr,HIGH);
      digitalWrite(LEDg,LOW);
      digitalWrite(LEDb,HIGH);
      break;

    case gb:              // 青
      digitalWrite(LEDr,LOW);
      digitalWrite(LEDg,HIGH);
      digitalWrite(LEDb,HIGH);
      break;

    case rgb:             // 白
      digitalWrite(LEDr,HIGH);
      digitalWrite(LEDg,HIGH);
      digitalWrite(LEDb,HIGH);
      break;
    default:
      break;
  }
}
```

串口显示温度区间状态以及 LED 显示颜色，如图 3-34-3 所示。

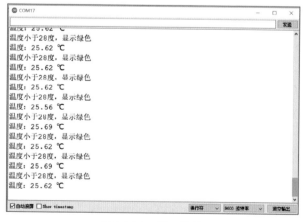

图 3-34-3　串口显示

项目 35　温度表情表

通过 DS18B20 实时采集温度，在 LCD1602 上显示温度，并根据设置温度区间，显示不同的提示语表情。温度表情表项目如图 3-35-1 所示。

温度表情表

图 3-35-1　温度表情表高清图

一、所需器材

名称	数量与规格	图示
电阻	1×10kΩ	
温度传感器	1×DS18B20	或者
液晶显示器	1×LCD1602	

二、硬件电路连接

（1）LCD1602 引脚功能介绍（接线参照布局图）

引脚	符号	功能	引脚	符号	功能
1	VSS	GND/ 接地	9	D2	数据
2	VCC	电源正极	10	D3	数据
3	VO	对比度调整	11	D4	数据
4	RS	数据 / 命名选择	12	D5	数据
5	R/W	读 / 写选择	13	D6	数据
6	E	使能信号	14	D7	数据
7	D0	数据	15	BLA	背光电源正极
8	D1	数据	16	BLK	背光电源负极

（2）Arduino 与 DS 18B20 连接

Arduino	功能	DS18B20	功能
5V	电源正极	VCC	正极
GND	电源负极	GND	负极
D9	数字接口	DQ	反馈信号

（3）Arduino 与红绿灯模块（作为指示灯使用）连接

Arduino	功能	红绿灯模块	功能
D10	数字引脚	GND	负极
D11	数字引脚	R	红
D12	数字引脚	Y	黄
D13	数字引脚	G	绿

（4）器材布局

如图 3-35-2 所示。

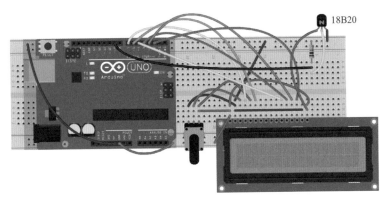

图 3-35-2　器材布局图

三、设计电路

（1）工作原理简介

采用 DS18B20 实时采集温度，在 LCD1602 液晶上显示，并能根据温度区间显示提示语言以及表情符号，还可以通过 LED 显示温度状态（在制作时根据喜好决定是否加入）。

（2）电路原理图

如图 3-35-3 所示。

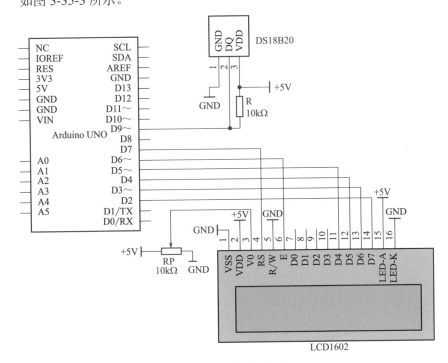

图 3-35-3　电路原理图

四、程序设计

说明：电路图中没有设计 LED 指示，为了增加指示效果，程序中增加了 LED 指示，使用红绿灯模块代替。

```
#include<LiquidCrystal.h>              // 调用 LiquidCrystal 库
#include<OneWire.h>                     // 调用单总线库
LiquidCrystal lcd(7,6,5,4,3,2);         // 初始化设置 LCD1602 的引脚
#include<DallasTemperature.h>           // 调用传感器 18B20 库
#define datapin 9                       // 定义 DS18B20 传感器数据传输引脚
OneWire onewire(datapin);
DallasTemperature sensors(&onewire);
byte wenduChar[8]=                      // 显示温度符号
{
  B10000,
  B00111,
  B01000,
  B01000,
  B01000,
  B01000,
  B00111,
  B00000
};
// 采用 define 定义变量
#define ledGnd 10
#define ledRed 11
#define ledYellow 12
#define ledGreen 13
void setup( )
{
  pinMode(ledGnd,OUTPUT);
  pinMode(ledRed,OUTPUT);
  pinMode(ledYellow,OUTPUT);
  pinMode(ledGreen,OUTPUT);

  digitalWrite(ledGnd,LOW);             // 引脚相当于负极
  digitalWrite(ledRed,LOW);
```

```
  digitalWrite(ledYellow,LOW);
  digitalWrite(ledGreen,LOW);

  lcd.createChar(1,wenduChar);  // 创建一个可在 LCD 上使用的自定义字符

  sensors.begin( );              // 初始化温度传感器 18B20
  lcd.begin(16,2);               // 初始化 LCD 设置行列值
  lcd.print("Welcome to ");      // 初始化显示内容，持续时间 3s
  lcd.setCursor(5,1);
  lcd.print("fsm studio");

  delay(3000);
  lcd.clear( );                  // 清屏
}
void loop( )
{
  sensors.requestTemperatures( );    // 对传感器发送请求
  float val=sensors.getTempCByIndex(0);// 读取温度值，并赋值给 val
  lcd.setCursor(0,1);                    // 显示第二行第一列位置
  lcd.print("Temp:");
  lcd.print(val);
  lcd.setCursor(10,1);                   // 显示第二行第十一列位置
  lcd.write(1);  // 使用 write 函数进行写入，在 LCD 显示温度符号
  // 以下温度区间判别以及显示提示语与表情符号
  if(val >=28)
  {
    lcd.setCursor(0,0);
    lcd.print("It's hot !  ^|^ ");
    digitalWrite(ledYellow,LOW);      // 确保其他 LED 熄灭
    digitalWrite(ledGreen,LOW);

    digitalWrite(ledRed,HIGH);        // 红 LED 闪烁
    delay(1000);
    digitalWrite(ledRed,LOW);
    delay(1000);
  }
```

```
if(val<28 && val>20)
{
  lcd.setCursor(0,0);
  lcd.print("It's warm!  ^-^ ");
  digitalWrite(ledYellow,HIGH);    // 黄 LED 点亮
  digitalWrite(ledGreen,LOW);
}
if(val<=20)
{
  lcd.setCursor(0,0);
  lcd.print("It's clod!  ^*^ ");
  digitalWrite(ledGreen,HIGH);    // 绿 LED 点亮
  digitalWrite(ledYellow,LOW);
}
}
```

五、编程要点

（1）define 定义变量

使用 define 定义变量，以 "#" 开头，示例：# define led 13，含义就是用 13 代替 led，当使用 define 定义变量的时候，语句结尾没有分号。

（2）自定义 LCD 显示符号

采用 Arduino LCD Chsracter Composer 软件，编写在 LCD1602 显示温度符号程序代码，如图 3-35-4 所示。

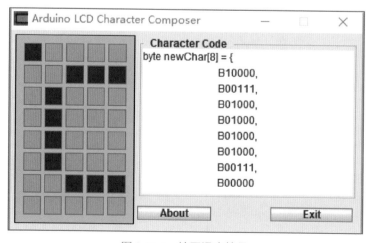

图 3-35-4　编写温度符号

(3) 温度区间显示

```
if(val >=28)
  {
    lcd.setCursor(0,0);
    lcd.print("It's hot !  ^|^ ");
    digitalWrite(ledYellow,LOW);      // 确保其他 LED 熄灭
    digitalWrite(ledGreen,LOW);

    digitalWrite(ledRed,HIGH);        // 红 LED 闪烁
    delay(1000);
    digitalWrite(ledRed,LOW);
    delay(1000);
  }
```

温度大于 28℃，LCD 1602 显示如图 3-35-5 所示。

图 3-35-5　温度大于 28℃显示

```
if(val<28 && val>20)
  {
    lcd.setCursor(0,0);
    lcd.print("It's warm!  ^-^ ");
    digitalWrite(ledYellow,HIGH);     // 黄 LED 点亮
    digitalWrite(ledGreen,LOW);
  }
```

温度在 20 ～ 28℃之间，LCD1602 显示画面如图 3-35-6 所示。

图 3-35-6　温度在 20 ～ 28℃之间显示

```
if(val<=20)
{
  lcd.setCursor(0,0);
  lcd.print("It's clod!  ^*^ ");
  digitalWrite(ledGreen,HIGH);      // 绿 LED 点亮
  digitalWrite(ledYellow,LOW);
}
```

温度小于 20℃，LCD1602 显示画面如图 3-35-7 所示。

图 3-35-7　温度小于 20℃显示

（4）开机显示画面 3s

如图 3-35-8 所示。

图 3-35-8 开始画面

两个按键控制
LED 亮度

项目 36 两个按键控制 LED 亮度

本项目中，通过两个按键控制 LED 的亮度，一个按键增加亮度，一个按键降低亮度，如图 3-36-1 所示。

图 3-36-1 两个按键控制 LED 亮度

一、所需器材

名称	数量与规格	图示
电阻	3×220Ω	
LED	1×5mm LED	

续表

名称	数量与规格	图示
LED	1×5mm LED	
LED	1×5mm LED	
按键	2	

二、硬件电路连接

（1）Arduino 与 LED 连接

Arduino	功能	发光二极管	功能
D5	数字接口	正极	通过 220Ω 电阻连接
GND	负极	负极	与负极连接

（2）Arduino 与按键连接

Arduino	功能	按键	功能
D2	数字接口	K1	增加亮度
D3	数字接口	K2	降低亮度

（3）器材布局

如图 3-36-2 所示。

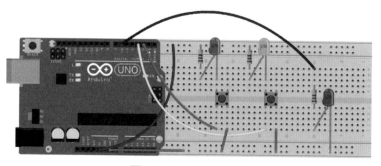

图 3-36-2　器材布局图

三、设计电路

（1）工作原理简介

按键 K1 增加亮度，K2 降低亮度。在按键的时候相应的 LED 亮度增加或者降低。在电路原理图中，LED3 是被控制的 LED，LED1 与 LED2 是按键指示灯。

（2）电路原理图

如图 3-36-3 所示。

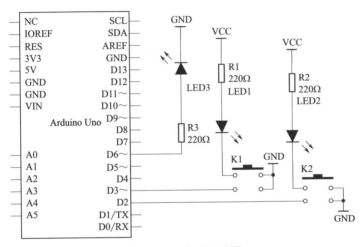

图 3-36-3　电路原理图

四、程序设计

```
int keyUp=2;                            // 灯光增加按键

int keyDown=3;                          // 灯光减少按键

int light=6;                            // 灯光引脚

int PWM=100;                            // 灯光 PWM 初始值

int val=20;

void setup( )

{

  pinMode(keyUp,INPUT_PULLUP);          // 按键设置为上拉模式

  pinMode(keyDown,INPUT_PULLUP);        // 按键设置为上拉模式

  Serial.begin(9600);

}

void loop( )
```

```
{
  if(digitalRead(keyUp)==0)                // 判断按键状态
  {
    delay(20);
    if(digitalRead(keyUp)==0)
    {
      PWM=PWM + val;
      if(PWM >=255)
        PWM=255;
      while(digitalRead(keyUp)==0);
    }
  }
  if(digitalRead(keyDown)==0)              // 判断按键状态
  {
    delay(20);
    if(digitalRead(keyDown)==0)
    {
      PWM=PWM - val;
      if(PWM<=0)
        PWM=0;
      while(digitalRead(keyDown)==0);
    }
  }
  Serial.println(PWM);
  delay(100);
  analogWrite(light,PWM);
}
```

项目 37　读取遥控按键数值

本项目电路如图 3-37-1 所示。

图 3-37-1 遥控接收头与主板连接（注意接收头与主板的接法，简化电路）

一、所需器材

名称	数量与规格	图示
遥控接收头	1×VS1838B	
遥控器	1	

（1）遥控器

红外发射和接收的信号是一连串脉冲码。如图 3-37-2 所示是制作中常用的遥控器，遥控器发出的是红外光，肉眼无法看见，但是可以用手机的照相功能，简单检测它的好坏。按压遥控器按键的同时，镜头对准红外发射头，能看到闪闪发光的就是好的。

（2）遥控接收头

能接收遥控信号的是红外接收管，电视机、空调等家电内部都有它的身影，一般情况下，将红外接收管、放大电路等封装在一起称之为红外接收头。

如图 3-37-3 所示的红外接收头，引脚从左到右依次是信号输出 OUT、负极 GND、正极 VCC。

图 3-37-2　红外遥控器

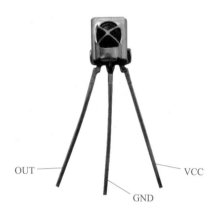

图 3-37-3　红外接收头

二、硬件电路连接

遥控接收头正极与负极通过设置 Arduino 数字接口输出 +5V/0V，本制作不需要面包板，将遥控接收头直接插在 Arduino 数字接口，通过串口将接收的遥控按键数值打印出来。

Arduino 与 LED 连接

Arduino	功能	遥控接收头	功能
D9	数字接口 (模拟正极)	VCC	正极
D10	数字接口（模拟负极）	GND	负极
D11	数字接口	OUT	信号输出

三、程序设计

```
#include<IRremote.h>          // 调用 IRremote.h 库
int PIN_RECV=11;              // 红外数据接口
```

```
IRrecv irrecv(PIN_RECV);          // 设置 PIN_RECV 为红外接收端
                                  （Arduino 主板 pin 11）
decode_results results;           // 存储编码结果
int IRVCC=9;
int IRGND=10;
void setup(   )
{
  Serial.begin(9600);             // 初始化串口
  irrecv.enableIRIn( );           // 初始化红外解码
  pinMode(IRVCC,OUTPUT);
  digitalWrite(IRVCC,HIGH);
  pinMode(IRGND,OUTPUT);
  digitalWrite(IRGND,LOW);
}
void loop(   )
{
  if(irrecv.decode(&results))
  // 判断是否接收到数据，并将接收到数据存储到 results 变量中
  {
    Serial.println(results.value,HEX);// 将接收的数值以十六进制在串
                                      口打印出来
    irrecv.resume( );             // 接收下一个编码
  }
  delay(500);                     // 延时 500ms
}
```

四、编程要点

① IRremote.h 为红外接收库文件。

② if（irrecv.decode（&results）），判断是否接收到数据。

③ Serial.println（results.value，HEX）；"HEX"，十六进制。在串口中，遥控器输出代码十六进制显示。

按压遥控器按键，若串口显示器出现"FFFFFFFF"为重复码，对应的串口显示如图 3-37-4 所示。

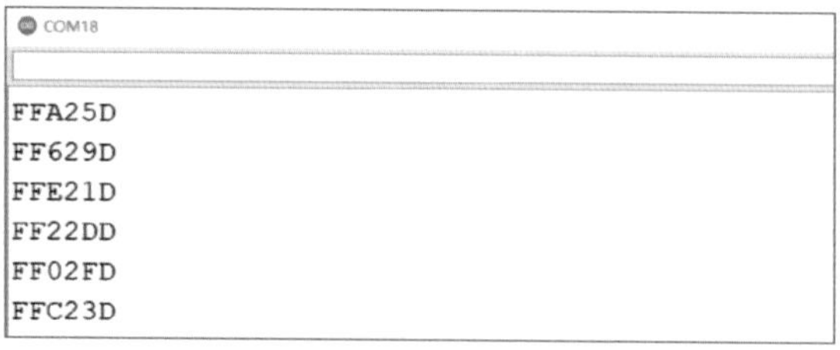

COM18

FFA25D
FF629D
FFE21D
FF22DD
FF02FD
FFC23D

图 3-37-4　串口显示遥控按键值

观察遥控器为七行三列，通过按压每个按键，填写按键值

FFA25D	FF629D	FFE21D
FF22DD	FF02FD	FFC23D
FFE01F	FFA857	FF906F
FF6897	FF9867	FFB04F
FF30CF	FF18E7	FF7A85
FF10EF	FF38C7	FF5AA5
FF42BD	FF4AB5	FF52AD

如果还是不清楚的话，可以将按键值标注到遥控器上，如图 3-37-5 所示。

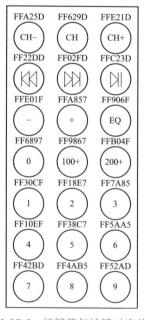

图 3-37-5　按键值与按键对应关系

项目 38　遥控开关 LED

实现功能：按压遥控数字键"0"，LED 熄灭；按压遥控数字键"1"，LED 点亮。LED 采用 Arduino 主板 D13 连接 LED，并在串口打印开关等状态。

一、所需器材

参考项目 37：读取遥控按键数值。

遥控开关 LED

二、硬件电路连接

Arduino 与遥控接收头连接

Arduino	功能	遥控接收头	功能
D9	数字接口 (模拟正极)	VCC	正极
D10	数字接口（模拟负极）	GND	负极
D11	数字接口	OUT	信号输入

三、程序设计

```
#include<IRremote.h>
int RECV_PIN=11;
int LED=13;
int IRVCC=9;
int IRGND=10;
IRrecv irrecv(RECV_PIN);
decode_results results;
void setup(  )
{
  Serial.begin(9600);
  irrecv.enableIRIn(  );
  pinMode(LED,OUTPUT);
  pinMode(IRVCC,OUTPUT);
  digitalWrite(IRVCC,HIGH);
  pinMode(IRGND,OUTPUT);
  digitalWrite(IRGND,LOW);
```

```
}
void loop(  )
{
  if(irrecv.decode(&results))
  {
    Serial.println(results.value,HEX);
    if(results.value==0xFF6897)        // 按键 0 数值，记得加上 0x
    {
      digitalWrite(LED,LOW);
      Serial.println("turn off the light");
    }
    if(results.value==0xFF30CF)        // 按键 1 数值，记得加上 0x
    {
      digitalWrite(LED,HIGH);
      Serial.println("turn on the light");
    }
    irrecv.resume(  );
  }
  delay(100);                          // 延时
}
```

四、编程要点

程序与遥控按键值比较，如相同，执行大括号内语句。

```
if(results.value==0xFF6897)            // 按键 0 数值，记得加上 0x
{
    digitalWrite(LED,LOW);
    Serial.println("turn off the light");
}
```

串口显示遥控按键值以及 LED 状态，如图 3-38-1 所示。

```
COM18                                                    ⸺
┌─────────────────────────────────────────────────────────┐
│                                                           │
├───────────────────────────────────────────────────────────┤
│ FF30CF                                                    │
│ turn on the light                                         │
│ FF6897                                                    │
│ turn off the light                                        │
│                                                           │
│                                                           │
└───────────────────────────────────────────────────────────┘
```

图 3-38-1　串口显示

项目 39　制作家用遥控器

制作家用遥控器

红外线通信是比较常见的一种通信方式之一，家用电器的遥控器大多数采用红外遥控，比如电视机、机顶盒、空调等。本项目介绍红外接收与发送原理，并在项目最后制作一款家用遥控器。红外遥控器制作项目如图 3-39-1 所示。

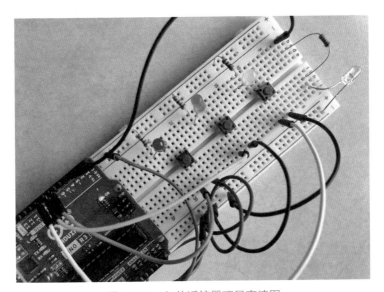

图 3-39-1　红外遥控器项目高清图

一、所需器材

名称	数量与规格	图示
遥控接收头	1×1838	

名称	数量与规格	图示
遥控器	1	
LED	1×5mm LED	
LED	1×5mm LED	
LED	1×5mm LED	
红外发射管	1×5mm LED	
电阻	4×220Ω	 （其中一个用于串联在红外发射 LED）
按键	3	

二、硬件电路连接

（1）Arduino 与红外发射头、按键连接

IRremote.h 库中，默认 Arduino pin 3 用于连接红外发射 LED。

Arduino	功能	红外发射头	功能
D3	数字接口（串联电阻接红外发射二极管的正极）	VCC	正极

续表

Arduino	功能	按键	功能
D6	数字接口（配置上拉模式）	按键低电平有效	信号输入
D7	数字接口（配置上拉模式）	按键低电平有效	信号输入
D8	数字接口（配置上拉模式）	按键低电平有效	信号输入

（2）器材布局

如图 3-39-2 所示。

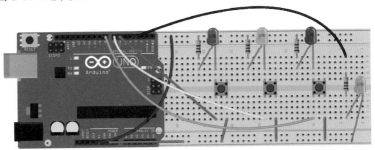

图 3-39-2　器材布局图

三、电路设计

（1）工作原理简介

首先读取家用遥控器中按键代码，比如开关键、节目增减键，然后编写代码，制作属于自己的遥控器。

（2）电路原理

如图 3-39-3 所示。

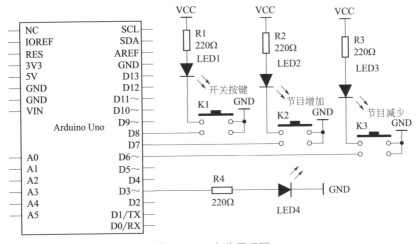

图 3-39-3　电路原理图

225

四、程序设计

程序 1——采集遥控器按键值信息

读取原始遥控器（在实验中，使用的家用机顶盒遥控器）按键数值，并且判断原始遥控器编码协议。

```
#include<IRremote.h>
int PIN_RECV=11;                    // 红外数据接口
IRrecv irrecv(PIN_RECV);
decode_results results;             // 存储编码结果
int IRVCC=9;
int IRGND=10;
void setup()
{
  Serial.begin(9600);              // 初始化串口
  irrecv.enableIRIn();             // 初始化红外解码
  pinMode(IRVCC,OUTPUT);
  digitalWrite(IRVCC,HIGH);
  pinMode(IRGND,OUTPUT);
  digitalWrite(IRGND,LOW);
}
void loop(  )
{
  if(irrecv.decode(&results))
  {
    Serial.println(results.value,HEX);
    if(results.decode_type==NEC)
    {
      Serial.println("NEC");
    }
    else if(results.decode_type==SONY)
    {
      Serial.println("SONY");
    }
    else
    {
      Serial.println(" 其他协议 ");
```

```
    }
    irrecv.resume ( );            // 接收下一个编码
  }
  delay(500);
}
```

机顶盒遥控协议是 NEC，按键值如下。

开关按键	节目增	节目减
44BB3BC4	44BB53AC	44BB4BB4

具备以上数据，就可以制作遥控器了。

程序2——制作遥控器

```
#include<IRremote.h>
IRsend sendTest;
int Key1=6;
int Key2=7;
int Key3=8;
void setup (  )
{
  pinMode(Key1,INPUT_PULLUP);
  pinMode(Key2,INPUT_PULLUP);
  pinMode(Key3,INPUT_PULLUP);
}
void loop (  )
{
  int val1=digitalRead(Key1);
  int val2=digitalRead(Key2);
  int val3=digitalRead(Key3);
  if(val1==0)
    {
      sendTest.sendNEC(0x44BB53AC,32);  // 节目增，根据情况自己修改数值
      delay(50);
    }
  if(val2==0)
    {
```

227

```
        sendTest.sendNEC(0x44BB4BB4,32); // 节目减,根据情况自己修改数值
        delay(50);
    }
    if(val3==0)
    {
        sendTest.sendNEC(0x44BB3BC4,32);    // 开关电源,根据情况自己修改数值
        delay(50);
    }
}
```

五、编程要点

(1)查看遥控编码协议

在 Arduino 软件—文件—首选项中复制图片红框内地址,如图 3-39-4 所示。

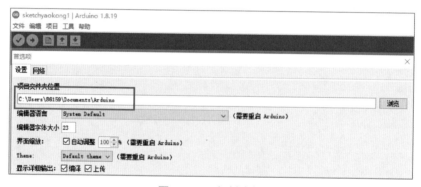

图 3-39-4　复制路径

双击我的电脑—粘贴地址,回车,如图 3-39-5 所示。

图 3-39-5　查找路径

打开 libraries 文件夹—IRremote 文件夹—常见遥控编码协议,电视机以及机顶盒遥控绝大多数是 NEC 协议,如图 3-39-6 所示。

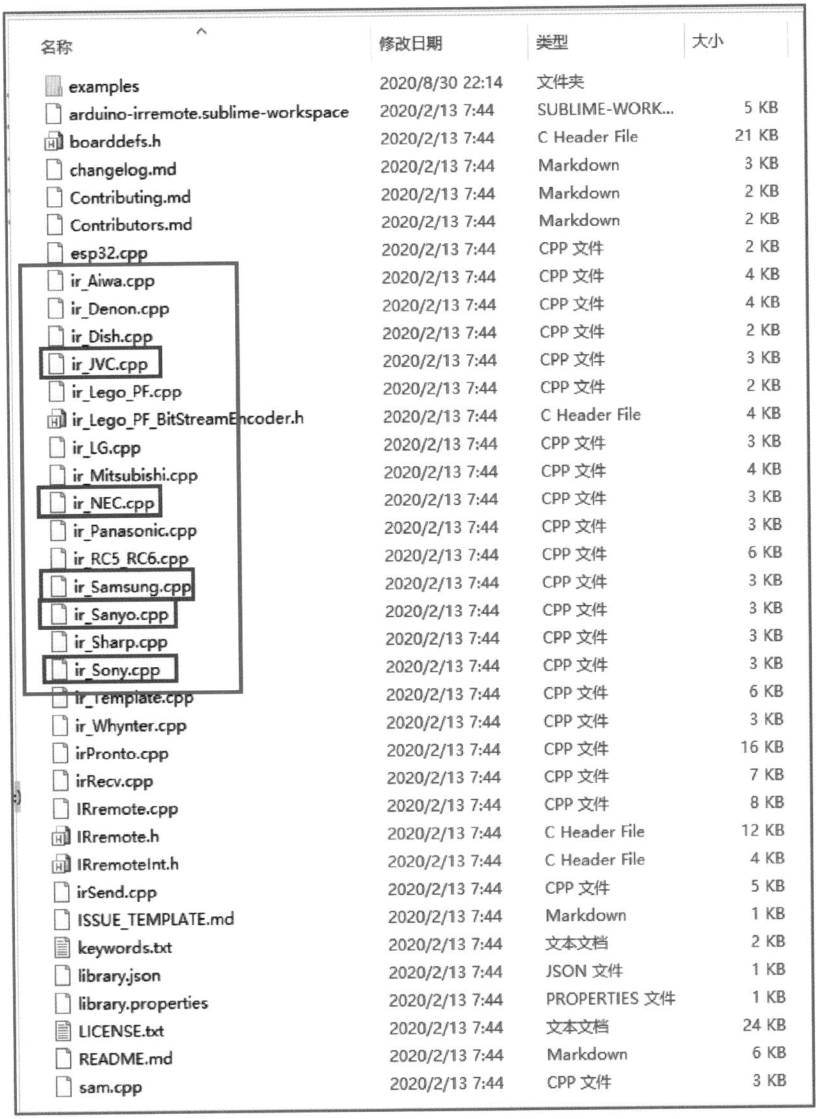

名称	修改日期	类型	大小
examples	2020/8/30 22:14	文件夹	
arduino-irremote.sublime-workspace	2020/2/13 7:44	SUBLIME-WORK...	5 KB
boarddefs.h	2020/2/13 7:44	C Header File	21 KB
changelog.md	2020/2/13 7:44	Markdown	3 KB
Contributing.md	2020/2/13 7:44	Markdown	2 KB
Contributors.md	2020/2/13 7:44	Markdown	2 KB
esp32.cpp	2020/2/13 7:44	CPP 文件	2 KB
ir_Aiwa.cpp	2020/2/13 7:44	CPP 文件	4 KB
ir_Denon.cpp	2020/2/13 7:44	CPP 文件	4 KB
ir_Dish.cpp	2020/2/13 7:44	CPP 文件	2 KB
ir_JVC.cpp	2020/2/13 7:44	CPP 文件	3 KB
ir_Lego_PF.cpp	2020/2/13 7:44	CPP 文件	2 KB
ir_Lego_PF_BitStreamEncoder.h	2020/2/13 7:44	C Header File	4 KB
ir_LG.cpp	2020/2/13 7:44	CPP 文件	3 KB
ir_Mitsubishi.cpp	2020/2/13 7:44	CPP 文件	4 KB
ir_NEC.cpp	2020/2/13 7:44	CPP 文件	3 KB
ir_Panasonic.cpp	2020/2/13 7:44	CPP 文件	3 KB
ir_RC5_RC6.cpp	2020/2/13 7:44	CPP 文件	6 KB
ir_Samsung.cpp	2020/2/13 7:44	CPP 文件	3 KB
ir_Sanyo.cpp	2020/2/13 7:44	CPP 文件	3 KB
ir_Sharp.cpp	2020/2/13 7:44	CPP 文件	3 KB
ir_Sony.cpp	2020/2/13 7:44	CPP 文件	3 KB
ir_Template.cpp	2020/2/13 7:44	CPP 文件	6 KB
ir_Whynter.cpp	2020/2/13 7:44	CPP 文件	3 KB
irPronto.cpp	2020/2/13 7:44	CPP 文件	16 KB
irRecv.cpp	2020/2/13 7:44	CPP 文件	7 KB
IRremote.cpp	2020/2/13 7:44	CPP 文件	8 KB
IRremote.h	2020/2/13 7:44	C Header File	12 KB
IRremoteInt.h	2020/2/13 7:44	C Header File	4 KB
irSend.cpp	2020/2/13 7:44	CPP 文件	5 KB
ISSUE_TEMPLATE.md	2020/2/13 7:44	Markdown	1 KB
keywords.txt	2020/2/13 7:44	文本文档	2 KB
library.json	2020/2/13 7:44	JSON 文件	1 KB
library.properties	2020/2/13 7:44	PROPERTIES 文件	1 KB
LICENSE.txt	2020/2/13 7:44	文本文档	24 KB
README.md	2020/2/13 7:44	Markdown	6 KB
sam.cpp	2020/2/13 7:44	CPP 文件	3 KB

图 3-39-6　遥控编码协议

（2）发送按键数值

sendTest.sendNEC（0x44BB53AC，32）；　// 节目增，根据情况自己修改数值。

以 NEC 协议格式发送一组指定的红外编码。0x44BB53AC 为红外编码值，记得加上 0x，十六进制。32 是位数。

各个遥控编码协议发送位数是不一样的。NEC 协议位数如图 3-39-7 所示。

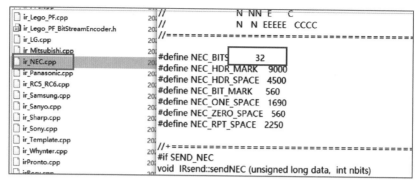

图 3-39-7　红外编码值位数查询

同样的方法：查看 Sanyo（三洋）位数是 12 如图 3-39-8 所示。

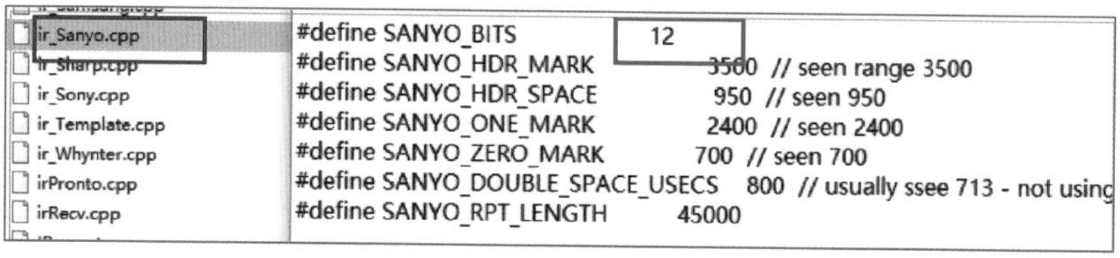

图 3-39-8　Sanyo 红外编码位数查询

同样的方法：查看 Sony（索尼）位数是 12 如图 3-39-9 所示。

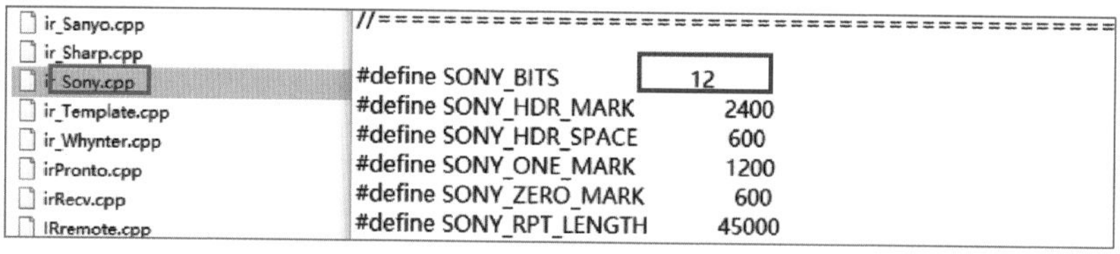

图 3-39-9　Sony 红外编码位数查询

（3）该项目制作的遥控器只有三个按键，如果想具备更多的功能，需增加更多的按键，在程序中增加相应按键编码即可。

舵机动起来

项目 40　舵机动起来

实现效果：舵机旋转到 0°位置，2s 后转到 90°位置、再过 2s 后转到 180°位置，周而复始。实物图如图 3-40-1 所示。

图 3-40-1　实物图

一、所需器材

名称	数量与规格	图示
舵机	1×SG90	

舵机是一种位置（角度）伺服的电机，如图 3-40-2 所示，适用于那些需要角度不断变化并可以保持的控制系统。目前，在飞机、潜艇模型、遥控机器人中已经得到了普遍应用。本书介绍的舵机转动角度范围为 0°～180°，舵机内部包括电机、控制电路、机械结构等，每个角度转换需一定的时间（注意在程序中需要短暂延时）。

图 3-40-2　舵机

舵机引出线：棕、红、橙（棕色连接 GND、红色连接 VCC、橙色连接信号 S）。

舵机与直流电机的主要区别：直流电机可以旋转 360°，而舵机只能在一定角度内旋转。

二、硬件电路连接

（1）Arduino 与舵机连接

Arduino	功能	舵机	功能
5V	电源正极	红色线（VCC）	正极
GND	电源负极	棕色线（GND）	负极
D9	数字接口（PWM）	橙色线 (S)	信号输入

（2）器材布局

如图 3-40-3 所示。

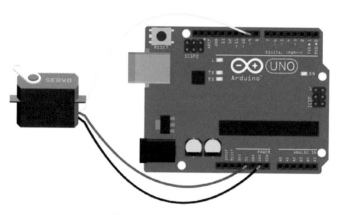

图 3-40-3　器材布局图

三、程序设计

```
#include<Servo.h>              // 舵机库文件
Servo myservo;                 // 创建控制电机的对象
void setup( )
{
  myservo.attach(9);           // 引脚 9 控制舵机
}
```

```
void loop( )
{
  myservo.write(0);              // 舵机转动到 0°的位置。
  delay(2000);                   // 延时
   myservo.write(90);            // 舵机转动到 90°的位置。
  delay(2000);                   // 延时
   myservo.write(180);           // 舵机转动到 180°的位置。
  delay(2000);                   // 延时
}
```

四、编程要点

Servo.h 舵机库文件。

Servo myservo 创建对象，通俗地讲，就是一个标签。

myservo.attach（9）；舵机控制引脚，Arduino 自带函数只能利用数字 9、10 接口。

myservo.write（90）；舵机旋转到 90°的位置，而不是旋转了多少度。

项目 41　光控舵机

本项目中，舵机转动角度随光线强弱而变化（同时当光线暗到一定程度时，LED 点亮），实物如图 3-41-1 所示。

图 3-41-1　实物图

一、所需器材

名称	数量与规格	图示
舵机	1×SG90	
LED	1×5mm LED	
电阻	1×220Ω	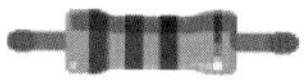
电阻	1×10kΩ	
光敏电阻	1×LR	

二、硬件电路连接

（1）Arduino 与光敏电阻、LED 连接

Arduino	功能	舵机	功能
5V	电源正极	红色线（VCC）	正极
GND	电源负极	棕色线（GND）	负极
D9	数字接口（PWM）	橙色线 (S)	信号输入
A0	模拟接口	光敏电阻	—
D2	数字接口	LED	正极串联 220Ω 电阻

（2）器材布局
如图 3-41-2 所示。

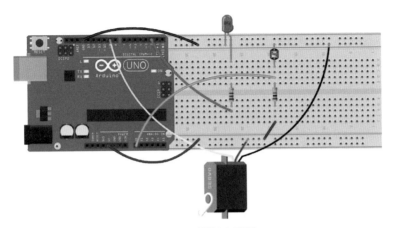

图 3-41-2 器材布局图

三、程序设计

```
#include<Servo.h>
int LED=2;
Servo myservo;
int analogpin=A0;                          // 定义变量
void setup( )
{
  myservo.attach(9);
  pinMode(LED,OUTPUT);
  Serial.begin(9600);                      // 串口初始化
}
void loop( )
{
  int  val=analogRead(analogpin);          // 读取光敏的模拟值并赋值给 val
  if(val > 500)                            // 点亮 LED
  {
    digitalWrite(LED,HIGH);
  }
  else
  {
    digitalWrite(LED,LOW);                 // 熄灭 LED
  }
```

```
int num=map(val,0,1023,0,180);          // 数值变换
Serial.println(num);                     // 串口输出
myservo.write(num);
delay(15);                               // 延时 15ms
}
```

项目 42　LM35 液晶显示温度

采用 LM35 温度传感器进行实时温度采集，LCD1602 液晶与串口同时显示，采用集成 I^2C 转接板的 LCD1602，电路连接非常简单，只需要四条引线。LM35 液晶显示温度项目如图 3-42-1 所示。

LM35 液晶
显示温度

图 3-42-1　LM35 液晶显示温度高清图

一、所需器材

名称	数量与规格	图示
温度传感器	1×LM35	

续表

名称	数量与规格	图示
液晶显示器	1×LCD1602	
转接板	1×PCF8574	

（1）LM35

LM35 是一种常见的温度传感器，如图 3-42-2 所示是它的一种封装形式，从左到右依次是 VCC、信号输出、GND。输出电压与摄氏温度一一对应。线性输出与内部精密校准使其读出与控制电路接口简单方便。

（2）转接板

LCD1602 通过转接板与 Arduino 主控板连接（LCD1602 本身不具备 I^2C 功能，需 PCE8547 模块来进行转接），如图 3-42-3 所示。

图 3-42-2　LM35

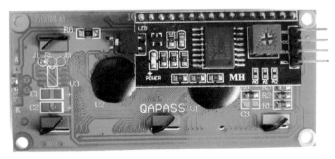

图 3-42-3　带转接板的 LCD1602

通过跳线帽设置是否带背光灯，插上跳线帽 LCD1602 带背光。蓝色的电位器可调整 LCD1602 的对比度。

A0、A1、A2 用来设置设备地址，全部悬空，默认地址是 0x27（二进制 0010 0111），A0、A1、A2 全部短路地址为 0x20。

A2（电平状态）	A1（电平状态）	A0（电平状态）	地址（十六进制）
L	L	L	0x20

续表

A2 （电平状态）	A1 （电平状态）	A0 （电平状态）	地址（十六进制）
L	L	H	0x21
L	H	L	0x22
L	H	H	0x23
H	L	L	0x24
H	L	H	0x25
H	H	L	0x26
H	H	H	0x27

引脚说明如下。

VCC	电源正极	GND	电源负极
SDA	I²C 数据线	SCL	I²C 时钟线

I^2C 协议通信使用两条线，其中一条是 SDA，即数据线；另一条是 SCL，即时钟线。这两条线称之为总线，最多可以挂接 128 个从机。

Arduino 控制器内部集成 I^2C 总线，称为 TWI。I^2C 协议中需要区分主机与从机，主机启动与停止数据传输以及输出时钟信号，从机（地址不同）被主机寻址，按照主机请求，响应通信，如图 3-42-4 所示。

图 3-42-4　I^2C 总线接口

二、硬件电路连接

实现功能：通过串口实时显示采集的温度值，并在 LCD1602 上显示。

（1）Arduino 与 LCD1602 转接板连接

Arduino	功能	转接模块	功能
VCC	电源正极	VCC	电源正极
GND	电源负极	GND	电源负极
SDA（或者与 A4 连接）	数据线	SDA	数据线
SCL（或者与 A5 连接）	时钟线	SCL	时钟线

（2）Arduino 与 LM35 温度传感器连接

Arduino	功能	LM35	功能
3.3V	电源正极	VCC	正极
GND	电源负极	GND	负极
A2	模拟接口	OUT	信号输出

（3）器材布局

如图 3-42-5 所示。

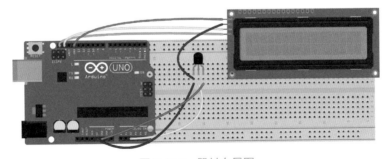

图 3-42-5　器材布局图

三、程序设计

```
#include<Wire.h>                    // 调用 I2C 库文件
#include<LiquidCrystal_I2C.h>       // 调用 LCD-I2C 库文件
```

239

```
LiquidCrystal_I2C lcd(0x27,16,2);        // 声明 I2C 地址和点阵的规格为 16
                                         //    字符和 2 行
 byte wenduChar[8]=                      // 显示温度符号
{
  B10000,
  B00111,
  B01000,
  B01000,
  B01000,
  B01000,
  B00111,
  B00000
};
byte heartChar[8]=                       // 显示心符号
{
  B00000,
  B01010,
  B11111,
  B11111,
  B11111,
  B01110,
  B00100,
  B00000
};
byte nodisChar[8]=
{
  B00000,
  B00000,
  B00000,
  B00000,
  B00000,
  B00000,
  B00000,
  B00000
```

```
};
void setup(  )
{
 lcd.init(  );                    // 初始化 LCD
 Serial.begin(9600);             // 串口波特率
 lcd.backlight(  );              // 点亮背景光源
 lcd.print("Welcome to       ");
 lcd.setCursor(0,1);            // 光标移动到第 2 行的第 1 个字符
 lcd.print("      fsm studio");
 delay(3000);
 lcd.clear(  );                 // 清屏
 lcd.setCursor(0,0);           // 光标移动到第 1 行的第 1 个字符开始显示
 lcd.print("LM35 thermometer");// 显示 LM35 测温仪
 lcd.setCursor(0,1);           // 光标移动到第 2 行的第 1 个字符
 lcd.print("   Good luck!    ");
 delay(3000);
 lcd.clear(  );                // 清屏
 lcd.createChar(1,wenduChar); // 创建一个可在 LCD 上使用的自定义字符
 lcd.createChar(2,heartChar); // 创建一个可在 LCD 上使用的自定义字符
 lcd.createChar(3,nodisChar); // 创建一个可在 LCD 上使用的自定义字符
}
void loop(  )
{
  int val;                     // 定义变量
  int dat;                     // 定义变量
  val=analogRead(2);          // 模拟接口 A2
  dat=val*(5 / 10.24);        // 温度计算
  Serial.print("fsm studio Tep:");
  Serial.print(dat);          // 串口打印温度
  Serial.println("C");        // 串口打印温度符号

  lcd.setCursor(0,0);         // 光标移动到第 1 行的第 1 个字符开始显示
  lcd.print("   Real time    ");   // 显示 " 实时 "
  lcd.setCursor(0,1);         // 光标移动到第 2 行的第 1 个字符
```

```
lcd.print("Temp:");
lcd.print(dat);              //LCD 显示温度数值
lcd.write(1);               // 使用 write 函数进行写入，在 LCD 显示温度符号
lcd.setCursor(9,1);
lcd.print("I");
lcd.setCursor(13,1);
lcd.print("you");
lcd.setCursor(11,1);       // 光标移动到第 2 行的第 12 个字符
lcd.write(2);              // 使用 write 函数进行写入，在 LCD 显示心符号
delay(500);
lcd.setCursor(11,1);       // 光标移动到第 2 行的第 12 个字符
lcd.write(3);              // 使用 write 函数进行写入，在 LCD 不显示心符号
delay(500);
}
```

串口实时显示温度如图 3-42-6 所示。

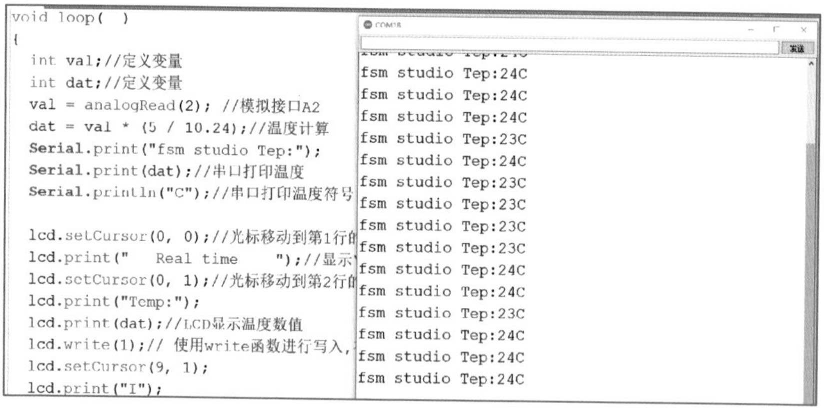

图 3-42-6　串口显示

四、编程要点

（1）计算温度

dat = val · （5 / 10.24）；

val 是转换后的数值，符合 V=Vref·（val/1024），单位 mV。

LM35 输出电压与温度关系是：V=10mV·T，根据以上列出等式：10mV·T=Vref·（val/1024），Vref=5000mV，即参考电压。

换算出温度：

T=（500/1024）• val，T=val（5/10.24 ）

（2）程序中两种温度显示方式

① 串口显示温度，如图 3-42-7 所示。

图 **3-42-7**　串口显示温度

② LCD1602 显示温度，如图 3-42-8 所示。

图 **3-42-8**　**LCD1602** 显示

（3）心形跳动程序编写方法

```
lcd.setCursor(11,1);      // 光标移动到第 2 行的第 12 个字符
lcd.write(2);             // 使用 write 函数进行写入，在 LCD 显示心符号
delay(500);
lcd.setCursor(11,1);      // 光标移动到第 2 行的第 12 个字符
lcd.write(3);             // 使用 write 函数进行写入，在 LCD 不显示心符号
delay(500);
```

（4）下载 LiquidCrystal_I2C.h

使用 I²C-LCD1602，在程序中需要加载两个库，wire.h 在 Arduino IDE 中自带，LiquidCrystal_I2C.h 按照截图方法下载即可。

工具—管理库—下载，如图 3-42-9 所示。

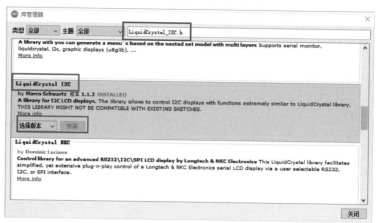

图 3-42-9　安装库文件

按键计数器

项目 43　按键计数器

四位数码管是将四个数码管封装在一起，每个数码管的段码并联在一起，用于显示内容，每个数码管的公共端（位码）独立引出，可以控制每一数码管点亮工作。数码管实物引脚示意如图 3-43-1 所示。

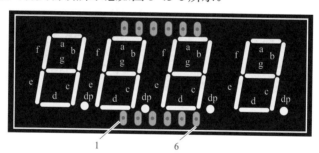

图 3-43-1　数码管实物引脚示意

四位一体数码管电路符号，如图 3-43-2 所示。

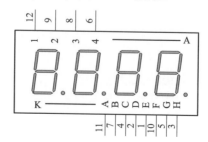

图 3-43-2　四位一体数码管电路符号

动态扫描

　　当单片机输出段码显示字形（数字或者字母）时，四个数码管同时接收到此信息，但是还需要单片机控制选通哪一位数码管显示。其余数码管不会显示。轮流控制选通数码管，每位数码管的点亮时间控制在 1 ~ 2ms，利用人眼视觉暂留现象以及数码管内部 LED 的余晖效应，实际数码管并不是在同一时刻点亮，但是只要单片机扫描足够快，我们看到的就是一组稳定的数字，这就是动态显示。

一、所需器材

名称	数量与规格	图示
电阻	8×220Ω	
数码管	1× 四位共阳 0.56in	
按键	1	

二、硬件电路连接

（1）Arduino 与数码管连接

Arduino	功能	一位数码管	功能
D3	数字接口	a	段码
D4	数字接口	b	段码
D5	数字接口	c	段码
D6	数字接口	d	段码
D7	数字接口	e	段码

续表

Arduino	功能	一位数码管	功能
D8	数字接口	f	段码
D9	数字接口	g	段码
D10	数字接口	DP	段码
A1	模拟接口	W1	位码
A2	模拟接口	W2	位码
A3	模拟接口	W3	位码
A4	模拟接口	W4	位码

（2）实物布局

如图 3-43-3 所示。

图 3-43-3　实物图

三、电路设计

（1）工作原理简介

本项目采用"SevSeg.h"库，可以方便地操作数码管显示，通过按下按键，不断累加，数码管上显示 0～9999 数字，项目中使用 12 个数字引脚，其中数码管位码引脚使用 A1～A4。

在应用中可以采用传感器代替按键进行计数。

（2）电路原理

如图 3-43-4 所示。

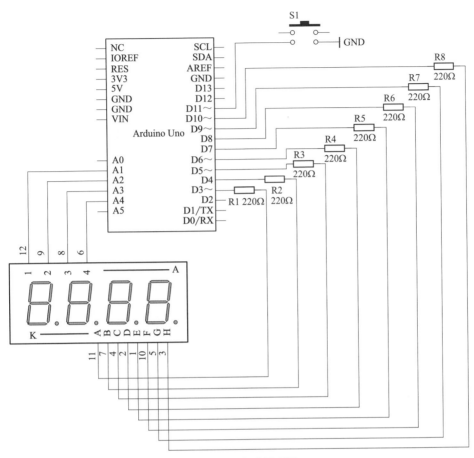

图 3-43-4　电路原理图

四、程序设计

```
#include"SevSeg.h"
SevSeg sevseg;
int button=11;
byte numDigits=4;                        // 数码管位数
byte digitPins[ ]={15,16,17,18};
 // 数码管公共极连接 Arduino 的引脚，对应 A1\A2\A3\A4
byte segmentPins[ ]={3,4,5,6,7,8,9,10};
 // 数码管 a,b,c,d,e,f,g,dp 对应引脚
byte hardwareConfig=COMMON_ANODE;        // 共阳数码管
int numToShow;
```

```
void setup(   )
{
  pinMode(button,INPUT_PULLUP);        // 上拉功能
  sevseg.begin(hardwareConfig,numDigits,digitPins,segmentPins);
  // 初始化数码管
}
void loop( )
{
  if(digitalRead(button)==0)           // 判断按键状态
  {
    delay(20);
    if(digitalRead(button)==0)
    {
      numToShow++;
      while(digitalRead(button)==0);
    }
  }
  if(numToShow > 9999 )
  {
    numToShow=0;
  }
  sevseg.setNumber(numToShow,-1);// 设置要显示的数据 / 不显示小数点
  sevseg.refreshDisplay(  );       // 刷新数码管显示
}
```

五、编程要点

（1）初始化数码管函数 sevseg.begin（   ）

原型：sevseg.begin（hardwareConfig，numDigits，digitPins，segment Pins）

参数：hardwareConfig，区分使用的是共阳极数码管还是共阴极数码管。
COMMON_CATHODE：共阴极；COMMON_ANODE：共阳极。
numDigits：数码管位数。
digitPins：存储数码管公共极连接的引脚号。
segmentPins：用来存储数码管从 a 到 dp 所对应连接的引脚。

（2）数码管显示函数 sevseg.setNumber（　　）

原型：sevseg.setNumber（numToShow，decPlaces）

numToShow：需要显示的数据，可以为整数、浮点数。

decPlaces：小数点显示的位置，从最低有效位开始计算，若省略或者设置为 -1，则表示不显示小数点。

（3）sevseg.refreshDisplay（　　）函数

不断刷新才能使数码管显示。若程序中有其他延时则会对显示产生影响。

（4）byte digitPins[ ] = {15, 16, 17, 18};

数码管公共极连接 Arduino 的引脚，对应 A1/A2/A3/A4，数码管的位码选取四个模拟口，不要忘了，模拟口也可以做数字接口使用，只不过 A0 对应的数值接口是 14，依次类推。

项目 44　用 74HC595 控制 LED

74HC595 是一个 8 位串行转并行的芯片（I/O 扩展）。在 SHCP（数据输入时钟线）的上升沿，串行数据 DS 依次输入到内部的 8 位位移缓存器，而并行输出则是在 STCP 的上升沿将 8 位位移缓存器的数据存入到 8 位并行输出缓存器。芯片外观如图 3-44-1 所示。

用 74HC595
控制 LED

图 3-44-1　74HC595

74HC595 引脚功能如下。

引脚	名称	功能
1	Q1	数据输出
2	Q2	数据输出
3	Q3	数据输出
4	Q4	数据输出
5	Q5	数据输出
6	Q6	数据输出
7	Q7	数据输出
8	GND	负极（地）
9	Q7′	串行数据输出（级联）
10	MR	主复位，接 VCC
11	SHCP	数据输入时钟线
12	STCP	数据输出锁存时钟线
13	OE	输出有效，接负极
14	DS	串行数据输入
15	Q0	数据输出
16	VCC	正极

如何移位呢？举例描述，将串行数据（DS）11110010 依次输出，输出方法是采用先送低位，后送高位，也就是先从 0 开始。详细步骤如下。

第一步：

SHCP 引脚置低电平，传输 11110010 第一位 0，SHCP 引脚置高电平。

运行结果：

0							

第二步：

SHCP 引脚置低电平，传输 11110010 第二位 1，SHCP 引脚置高电平。

运行结果：

1	0						

第三步：

SHCP 引脚置低电平，传输 11110010 第三位 0，SHCP 引脚置高电平。

运行结果：

0	1	0					

第四步：

SHCP 引脚置低电平，传输 11110010 第四位 0，SHCP 引脚置高电平。

运行结果：

0	0	1	0				

第五步：

SHCP 引脚置低电平，传输 11110010 第五位 1，SHCP 引脚置高电平。

运行结果：

1	0	0	1	0			

第六步：

SHCP 引脚置低电平，传输 11110010 第六位 1，SHCP 引脚置高电平。

运行结果：

1	1	0	0	1	0		

第七步：

SHCP 引脚置低电平，传输 11110010 第七位 1，SHCP 引脚置高电平。

运行结果：

1	1	1	0	0	1	0	

第八步：

SHCP 引脚置低电平，传输 11110010 第八位 1，SHCP 引脚置高电平。

运行结果：

1	1	1	1	0	0	1	0

本项目在 Arduino 平台上，用 74HC595 控制 LED，实物图如图 3-44-2 所示。

图 3-44-2　实物图

一、所需器材

名称	数量与规格	图示
电阻	8×220Ω	
LED	8×5mm LED	
74HC595	1	

二、硬件电路连接

(1) Arduino 与 LED 连接

Arduino	功能	74HC595	功能
5V	电源正极	VCC	正极
GND	电源负极	GND	负极
D2	数字接口	SHCP（11）	数据输入时钟线
D3	数字接口	STCP（12）	数据输出锁存时钟线
D4	数字接口	DS（14）	串行数据输入

（2）器材布局

如图 3-44-3 所示。

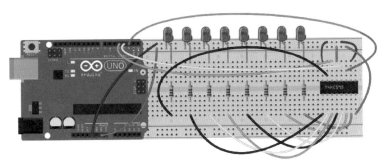

图 3-44-3　器材布局图

三、设计电路

（1）工作原理简介

将一组数据 11110010，通过编写程序，74HC595 驱动 8 个 LED，进行点亮与熄灭。实现效果就是前四个 LED 以及第七个 LED 点亮，其余熄灭。

本项目只占用 Arduino 主板 3 个 I/O。

（2）电路原理图

如图 3-44-4 所示。

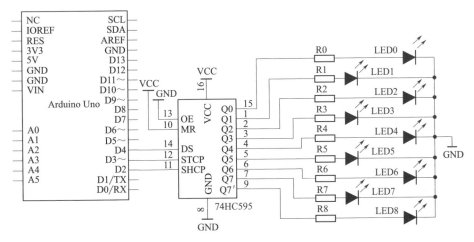

图 3-44-4　电路原理图

四、程序设计

```
int SHCP=2;
```

```
int STCP=3;
int DS=4;
void setup(  )
{
  pinMode(SHCP,OUTPUT);
  pinMode(STCP,OUTPUT);
  pinMode(DS,OUTPUT);
}
void loop( )
{
  digitalWrite(STCP,LOW);        // 将STCP加低电平让芯片准备好接收数据
  xianshi( );
  digitalWrite(STCP,HIGH);       // 将ST_CP恢复到高电平
}
void xianshi( )
{
  digitalWrite(SHCP,LOW);
  digitalWrite(DS,0);
  digitalWrite(SHCP,HIGH);

  digitalWrite(SHCP,LOW);
  digitalWrite(DS,1);
  digitalWrite(SHCP,HIGH);

  digitalWrite(SHCP,LOW);
  digitalWrite(DS,0);
  digitalWrite(SHCP,HIGH);

  digitalWrite(SHCP,LOW);
  digitalWrite(DS,0);
  digitalWrite(SHCP,HIGH);

  digitalWrite(SHCP,LOW);
  digitalWrite(DS,1);
  digitalWrite(SHCP,HIGH);
```

```
digitalWrite(SHCP,LOW);
digitalWrite(DS,1);
digitalWrite(SHCP,HIGH);

digitalWrite(SHCP,LOW);
digitalWrite(DS,1);
digitalWrite(SHCP,HIGH);

digitalWrite(SHCP,LOW);
digitalWrite(DS,1);
digitalWrite(SHCP,HIGH);
}
```

五、编程要点

```
digitalWrite(SHCP,LOW);           // 低电平
digitalWrite(DS,0);               // 准备好数据
digitalWrite(SHCP,HIGH);          // 高电平
```

经过以上步骤，将数据 0 移位到寄存器，然后将要发送的数据封装函数，在 loop（　　）函数中调用 void xianshi（　　）。

项目 45　74HC595 花样跑马灯

实现功能：采用 for 语句，实现花样繁多的 LED 流水点亮效果。

一、所需器材、硬件连接、电路设计

参考项目四十四：用 74HC595 控制 LED。

二、程序设计

```
int SHCP=2;
int STCP=3;
int DS=4;
void setup(    )
{
```

```
    pinMode(STCP,OUTPUT);
    pinMode(SHCP,OUTPUT);
    pinMode(DS,OUTPUT);
}
void loop(    )
{
    for(int  i=0;i<256;i++)
    {
        digitalWrite(STCP,LOW);      // 将 STCP 口加低电平让芯片准备好接收数据
        shiftOut(DS,SHCP,LSBFIRST,i);
        digitalWrite(STCP,HIGH);    // 将 STCP 恢复到高电平
        delay(100);                 // 暂停 1s 让你看到效果
    }
}
```

三、编程要点

`shiftOut(    )` 函数

功能：将数据在时钟引脚脉冲控制下按位移写入到数字引脚。

函数原型：

`shiftOut(dataPin,clockPin,bitOrder,value)`

参数：

dataPin（DS）：数据输入引脚。

ClockPin（SHCP）：时钟引脚。

bitOrder：移位顺序，MSBFIRST（高位在前，也就是从一串数据左边开始）、LSBFIRST（低位在前，也就是从右边开始）。

value：需要移位的数据。

为了实现更多的花形显示效果，可以再增加以下语句。

```
for(int  i=0;i<256;i++)
    {
        digitalWrite(STCP,LOW);      // 将 STCP 口加低电平让芯片准备好接收数据
        shiftOut(DS,SHCP,MSBFIRST,i);
        digitalWrite(STCP,HIGH);    // 将 STCP 恢复到高电平
        delay(100);                 // 暂停 1s 让你看到效果
    }
```

在驱动四位数码管的时候，为了节约 Arduino 数字引脚，经常采用 74HC595

驱动数码管的段码。

什么是上升沿与下降沿？数字信号由二进制 0 与 1 组成（0 为低电平，1 为高电平），当从低电平转为高电平，称之为上升沿；当高电平转为低电平，称之为下降沿，如图 3-45-2 所示。

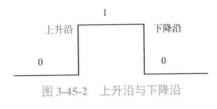

图 3-45-2　上升沿与下降沿

项目 46　智能自动浇花系统

当传感器感知到湿度低于某个数值，将会发出声光报警，并启动小水泵进行加湿，当达到预设值，小水泵自动停止，报警消除。自动浇花系统如图 3-46-1 所示。

智能自动
浇花系统

图 3-46-1　自动浇花系统

一、所需器材

名称	数量与规格	图示
电阻	2×220Ω	

名称	数量与规格	图示
LED	1×5mm LED	
LED	1×5mm LED	
湿度传感器	1	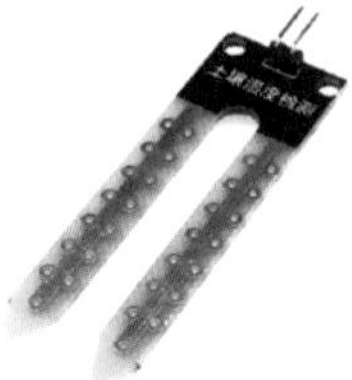
控制器	1	
有源蜂鸣器	1×5V	
继电器模块	1	
小水泵	1	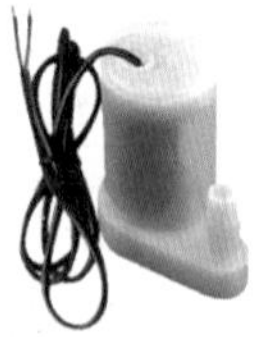

（1）湿度传感器

湿度传感器呈叉状，主要用于感知被测土壤周围环境中电阻阻值，一共有两个引脚。当土壤潮湿时，电阻阻值较低，容易导电，相反，阻值较高，不容易导电。

（2）控制器

各个引脚功能如图 3-46-2 所示。

在本项目中，使用控制器模拟（A0）输出。

VCC

GND

数字输出

模拟
输出

传感器输入

图 3-46-2　控制器

（3）小水泵

在使用中注意区分正负极，当电路正常，出现不能抽水时，将正负极进行对调。

二、硬件电路连接

（1）Arduino 与控制器连接

Arduino	功能	控制器	功能
5V	电源正极	VCC	正极
GND	电源负极	GND	负极
A0	模拟接口	A0	模拟信号输出

（2）Arduino 与继电器模块连接

本项目中继电器控制器高电平有效（也就是继电器输入高电平时，继电器工作）。

Arduino	功能	继电器模块	功能
5V	数字引脚	5V	负极
GND	数字引脚	GND	红
D3	数字引脚	IN	控制信号输入

（3）Arduino 与 LED1、LED2、蜂鸣器连接

Arduino	功能	LED1	功能
D4	数字引脚	正极	串接 220Ω 电阻
GND	数字引脚	负极	负极
Arduino	功能	LED2	功能
D5	数字引脚	正极	串接 220Ω 电阻
GND	数字引脚	负极	负极
Arduino	功能	蜂鸣器	功能
D6	数字引脚	正极	与 D6 相连
GND	数字引脚	负极	负极

（4）实物布局

如图 3-46-3 所示。

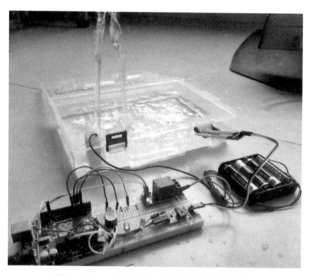

图 3-46-3　实物布局（收纳盒模拟花盆）

三、电路设计

（1）工作原理简介

湿度传感器将感知土壤周围环境电阻值反馈给控制器，控制器经过处理后，从模拟引脚输出信号到 Arduino 的 A0 引脚。经过程序判断，当采集的模拟量数值大于 800（数字自己设定，可以修改），说明缺水，继电器、红色

LED、小水泵、蜂鸣器工作；当采集的模拟量小于 800，小水泵停止工作，绿色 LED 点亮。

继电器采用高电平触发，也就是当采集的模拟量数值大于 800 时，Arduino 的 D3 数字引脚输出高电平，三极管 Q 工作，继电器线圈得电，常开触点闭合，6V 电源经过常开触点给小水泵供电。

本项目中，小水泵单独采用 6V 电源供电。

（2）电路原理图

如图 3-46-4 所示。

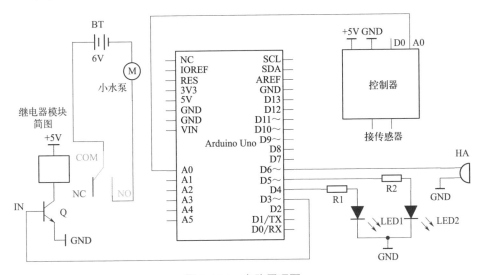

图 3-46-4 电路原理图

四、程序设计

```
int jdq=3;              // 定义连接控制继电器引脚

int greenLed=4;         // 定义绿色 LED 连接引脚

int redLed=5;           // 定义红色 LED 连接引脚

int beep=6;             // 定义蜂鸣器连接引脚


void setup(  )
{
  for(int i=3;i<7;i++) // 配置引脚输出模式，初始化引脚为低电平
  {
    pinMode(i,OUTPUT);
    digitalWrite(i,LOW);
```

```
    }
    Serial.begin(9600);
}
void loop( )
{
    int val=analogRead(A0);        // 读取 A0 模拟引脚采集数值
    Serial.print(" 湿度 :");
    Serial.println(val);
    delay(100);
    if(val > 800)
    {
        digitalWrite(redLed,HIGH);
        digitalWrite(greenLed,LOW);
        digitalWrite(beep,HIGH);
        digitalWrite(jdq,HIGH);
        Serial.println(" 红色 LED 点亮 ");
    }
    else
    {
        digitalWrite(redLed,LOW);
        digitalWrite(greenLed,HIGH);
        digitalWrite(beep,LOW);
        digitalWrite(jdq,LOW);
        Serial.println(" 绿色 LED 点亮 ");
    }
}
```

超炫 **WS2812**
色彩缤纷灯带

项目 47　超炫 WS2812 色彩缤纷灯带

　　WS2812 是一种智能控制 LED，它将控制电路和 RGB 芯片集成在一个组件中。每个灯珠可以实现 256 级亮度显示，完成 1600 万种全真色彩显示。WS2812 色彩缤纷灯带如图 3-47-1 所示。在完成本项目制作之前，需先安装 FastLED.h 库文件。

图 3-47-1　WS2812 色彩缤纷灯带

一、所需器材

名称	数量与规格	图示
WS2812	1×24 圆形	
电源模块	1	

（1）WS2812

一个 WS2812 灯珠最大电流是 60mA，如采用超过 10 个灯珠的 WS2812，在确保安全的情况下，建议采用电源模块等外置电源为 WS2812 灯带供电。贴片式封装如图 3-47-2 所示。

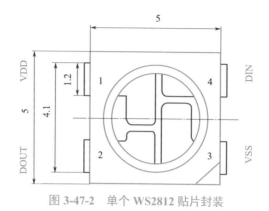

图 3-47-2　单个 WS2812 贴片封装

单个 WS2812 灯珠引脚功能如下。

序号	符号	名称
1	VDD	电源正极
2	DOUT	控制信号输出，用于级联多个 2812
3	VSS	电源负极
4	DIN	控制信号输入

　　RGB-LED 显示多彩效果时，一个 RGB-LED 需要占用 Arduino 三个 PWM 引脚，不容易实现多个 RGB-LED 工作项目。WS2812 灯带可单独控制每个 LED 的亮度和颜色，由于内嵌有放大驱动电路、振荡器和可编程控制芯片，通过 Arduino 一个数字（PWM）引脚，可同时控制多个 LED。

　　WS2812 灯带有条形或者圆形的外观，如图 3-47-3 所示。

图 3-47-3　WS2812 灯带

（2）电源模块

具有一个 USB 供电接口，一个通过 DC 电源插座供电（直流电压 7 ～ 12V），内部设置有 5V、3.3V 稳压电路，通过跳线帽可以设置输出为 5V 或者 3.3V。

二、硬件电路连接

（1）Arduino 与 WS2812 连接

Arduino	功能	WS2812	功能
D11	数字接口	DI	控制信号输入

（2）器材布局（一个灯珠示意）

如图 3-47-4 所示。

图 3-47-4　器材布局图（一个灯珠示意）

（3）实物布局

如图 3-47-5 所示。

图 3-47-5　实物布局图

三、设计电路

（1）工作原理简介

通过 Arduino 主板一个数字引脚控制 24 个 WS2812 灯珠动态显示不同的颜色效果。在本项目中，采用 9V 电池供电，一方面为 Arduino 主板供电，另一方面为 WS2812 灯带供电。在程序中编写显示各种颜色的不同函数，在 loop（　　）函数中通过 "//" 屏蔽，按需进行调用各个灯带显示函数。

（2）电路原理图

如图 3-47-6 所示。

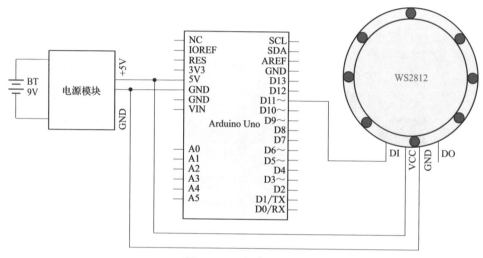

图 3-47-6　电路原理图

四、程序设计

```
#include<FastLED.h>                              // 库文件
#define NUM_LEDS 24                              // 灯带 LED 的数量
#define DATA_PIN 11                              // 控制灯带数字接口
CRGB leds[NUM_LEDS];                             // 建立光带 leds
int beginHue=0;                                  // 定义变量，在 fill_rainbow 函数中使用
#define BRIGHTNESS 100                           // 设置 LED 的亮度，最大值是 255
void setup(    )
{
  FastLED.addLeds<WS2812,DATA_PIN,GRB>(leds,NUM_LEDS);
                                                 // 初始化 LED 光带
```

```
    FastLED.setBrightness(BRIGHTNESS);// 初始化灯带亮度
    // 以下四句调试使用
    pinMode(9,OUTPUT);
    pinMode(10,OUTPUT);
    digitalWrite(9,LOW);            // 模拟负极
    digitalWrite(10,HIGH);          // 模拟正极
}
void loop(   )
{
    /* 通过编写不同的颜色显示函数，观察 WS2812 灯带变化效果，可以通过 "//"
       屏蔽不需要调用的函数，便于观察 */
    //jichuxianshi(   );
    //fillsolid(   );
    //fillrainbow(    );
    fillrainbow1(   );
}
void jichuxianshi(   )
{
    for(int i=0;i<24;i++)           //24 个 LED 间隔 100ms 循环点亮红色
    {
       leds[i]=CRGB::Red;
       FastLED.show( );
       delay(100);
       leds[i]=CRGB::Black;
       FastLED.show( );
       delay(100);
    }

    leds[7]=CRGB::Green;            // 第八个 LED 点亮绿色
    FastLED.show( );
    delay(500);
    leds[7]=CRGB::Black;            // 第八个 LED 熄灭
    FastLED.show( );
    delay(500);
```

```
    leds[17]=CRGB::Blue;                    // 第十八个 LED 点亮蓝色
    FastLED.show( );
    delay(500);
    leds[17]=CRGB::Black;                   // 第十八个 LED 熄灭
    FastLED.show( );
    delay(500);
}
void fillsolid( )                           // 将光带多个 LED 设置为指定颜色
{
    fill_solid(leds,8,CRGB::Red);           // 前八个 LED 设置为红色
    FastLED.show( );
    delay(10);

    fill_solid(leds + 8,8,CRGB::Blue);      // 第九个至十六个 LED 设置为蓝色
    FastLED.show( );
    delay(10);

    fill_solid(leds + 16,8,CRGB::Green);
                                            // 第十七个至二十四个 LED 设置为绿色
    FastLED.show( );
    delay(10);
}

void fillrainbow( )                         // 为逐渐变化的彩虹色
{
    //fill_rainbow(leds,24,beginHue,detaHue);
    fill_rainbow(leds,24,1,10);
    FastLED.show( );
    delay(10);
}
void fillrainbow1( )                        // 动态变化的彩虹色，通过 begin
                                            //    Hue++，逐渐改变色条起始数值
{
```

```
//fill_rainbow(leds,24,beginHue,detaHue);

beginHue++;

if(beginHue > 256)beginHue=1;

fill_rainbow(leds,24,beginHue,10);

FastLED.show( );

delay(10);

}
```

五、编程要点

（1）FastLED.addLeds<WS2812, DATA_PIN, GRB>(leds, NUM_LEDS);

初始化 LED 光带函数，WS2812——控制灯珠的类型，DATA_PIN——控制板上使用的 I/O 接口，GRB——色彩类型，NUM_LEDS——灯珠的总数量。

（2）FastLED.show(   );

刷新显示函数。

（3）fill_solid(leds,8,CRGB::Red);

将 leds 光带前 8 个灯珠设置为红色。fill_solid（leds+8，8，CRGB::Red），将 leds 光带第 9 个灯珠开始，后面 8 个灯珠设置为红色。

（4）fill_rainbow(leds,24,beginHue,detaHue);

将 leds 光带从头开始 24 个灯珠设置为逐渐变化的彩虹色。24——从头开始到 24 个灯珠，beginHue——起始色调数值，彩虹色最大为 255，detaHue——相邻灯珠的色调差，最大为 255。

> **知识拓展**
>
> ## 双色 LED
>
> 双色 LED 分为共阳与共阴两种，以共阳双色 LED 为例，它一共有三个引脚，一个是公共阳极，其余两个分别是红色与绿色的阴极，双色 LED 的外观如图 3-47-7 所示，电路图形符号如图 3-47-8 所示。
>
>
>
> 图 3-47-7 双色共阳 LED   图 3-47-8 双色共阳 LED 图形符号

项目 48　LCD1602 里程表

本项目采用霍尔传感器实现计数，通过程序计算，将距离数值在液晶显示器上显示。辐条中固定有磁铁，当车轮转动中，每圈都经过霍尔传感器，触发中断函数，进行计数，再经过计算周长，就可以计算出里程。如图 3-48-1 所示，其中 Number 对应圈数，distance 对应的是里程，单位是米（m）。

LCD1602 里程表

图 3-48-1　LCD1602 里程表高清图

一、所需器材

名称	数量与规格	图示
霍尔模块	1	
液晶显示器	1×LCD1602（带 I²C 转接模块）	
磁铁	1	

霍尔传感器模块

引脚功能介绍如下。

序号	名称	功能
1	VCC	电源正极
2	GND	电源负极
3	D0	数字信号输出
4	A0	模拟信号输出

霍尔传感器可以用来检查磁场变化，通过 LM393 比较器，直接输出高低电平。模块上采用 3144E 开关型霍尔元件，当传感器感应到磁场时，D0 数字引脚输出低电平，模块上信号指示灯点亮；如没有感应到磁场，则输出高电平，信号指示灯熄灭。

模块引脚以及指示灯图解，如图 3-48-2 所示。

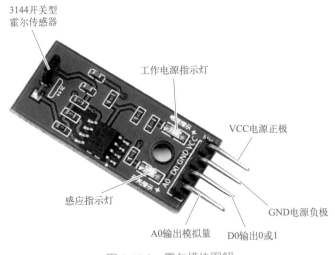

图 3-48-2　霍尔模块图解

二、硬件电路连接

实现功能：当有磁铁靠近霍尔元件时，霍尔模块数字引脚 D0 输出低电平，触发中断。在 loop（　　）函数中，通过计算触发次数（也就是车轮行走圈数）以及距离数值，假设车轮的半径（R）是 0.2m，通过 $2 \times 3.14 \times R \times count$（count 为车轮转动圈数）计算，即等于行走距离（里程）。

本项目在串口以及 LCD1602 上进行同时显示距离数值。

（1）Arduino 与 LCD1602 转接板连接

Arduino	功能	转接模块	功能
VCC	电源正极	VCC	电源正极
GND	电源负极	GND	电源负极
SDA（或者与 A4 连接）	数据线	SDA	数据线
SCL（或者与 A5 连接）	时钟线	SCL	时钟线

（2）Arduino 与霍尔传感器模块

Arduino	功能	霍尔传感器模块	功能
5V	电源正极	VCC	正极
GND	电源负极	GND	负极
D2	数字接口	D0	信号输出

（3）器材布局（霍尔传感器用三极管示意）

如图 3-48-3 所示。

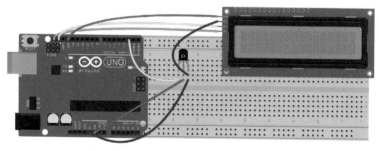

图 3-48-3　器材布局图（用三极管示意）

三、程序设计

```
int state;                        // 定义变量
int count;                        // 定义变量
#include<Wire.h>                   // 调用 I2C 库文件
#include<LiquidCrystal_I2C.h>      // 调用 LCD-I2C 库文件
LiquidCrystal_I2C lcd(0x27,16,2);  // 声明 I2C 地址和点阵的规格为 16
                                   // 字符和 2 行
```

```
void setup(  )
{
  Serial.begin(9600);                      // 串口初始化
  attachInterrupt(0,zhongd,FALLING);       // 中断下降沿触发
  pinMode(2,INPUT_PULLUP);                 // 将 2 脚配置为上拉电阻模式

   lcd.init(  );                           // 初始化 LCD
   lcd.backlight(  );                      // 点亮背景光源
   lcd.print("Welcome to      ");
   lcd.setCursor(0,1);                     // 光标移动到第 2 行的第 1 个字符
   lcd.print("      fsm studio");
   delay(3000);
   lcd.clear(  );                          // 清屏
   lcd.setCursor(0,0);                     // 光标移动到第 1 行的第 1 个字符开始显示
   lcd.print("  Good luck!   ");
}
void loop(  )
{
 if(state !=0)                             // 判断 state 变量状态
 {
  state=0;                                 // 将 0 赋值给变量
  count++;                                 // 变量 count 自加
  Serial.println(count);                   // 串口打印 count 值
  Serial.println(3.14*2*0.2*count);        // 串口打印距离
  lcd.clear(  );                           // 清屏
  lcd.setCursor(0,0);                      // 光标移动到第 1 行的第 1 个字符开始显示
  lcd.print("Number:");                    //LCD 1602 打印中断次数
  lcd.print(count);
  lcd.setCursor(0,1);                      // 光标移动到第 2 行的第 1 个字符
  lcd.print("distance=");                  // 打印 " 距离 "
  lcd.print(3.14*2*0.2*count);             // 计算距离并打印
  }
 }
```

```
void zhongd( )                    // 中断函数
{
  state++;
}
```

串口显示，如图 3-48-4 所示。

图 3-48-4　串口显示（圈数以及距离）

项目 49　触摸多彩 LED

触摸多彩 LED

本项目采用 TTP223 电容式点动型触摸开关，点亮红色、黄色、绿色 LED，或者全部点亮与熄灭。触摸开关正反面均可作为触摸面，可替代传统的轻触按键。触摸多彩 LED 如图 3-49-1 所示。

图 3-49-1　触摸多彩 LED 高清图

一、所需器材

名称	数量与规格	图示
模块	1× 红绿灯模块	
触摸开关模块	1	

触摸开关模块：

如图 3-49-2 所示，该模块是一个基于触摸检测集成块 TTP223 电容式点动型触摸开关。当用手指触摸模块相应位置时，模块数字引脚会输出高电平；当没有触摸时，数字引脚输出低电平。当持续 12s 没有触摸时，模式切换为低功耗模式。触摸模块供电电源为直流 2 ～ 5.5V。

触摸位置

图 3-49-2　触摸开关模块

触摸开关模块共计 3 个引脚（GND、VCC、SIG），GND 为地、VCC 为供电电源、SIG 为数字信号输出脚。模块设置电源指示灯，上电正确即发亮；触摸区域为类似指纹的图标内部区域，手指轻轻触摸即可触发。

二、硬件电路连接

（1）Arduino 与 LED 连接

Arduino	功能	红绿灯模块	功能
A2	模拟接口作为数字接口使用	R	红色 LED
A3	模拟接口作为数字接口使用	Y	黄色 LED
A4	模拟接口作为数字接口使用	G	绿色 LED
A5	模拟接口作为数字接口使用	GND	负极

（2）Arduino 与触摸开关模块连接

Arduino	功能	触摸开关模块	功能
D4	模拟接口作为数字接口使用	GND	负极
D3	模拟接口作为数字接口使用	VCC	正极
D2	模拟接口作为数字接口使用	SIG	数值信号

三、设计电路

（1）工作原理简介

当触摸开关后，数字引脚输出高电平，在 loop（　　）函数中，进行判断，并进行变量 num 计数，触摸次数与 num 计数数量一致。当变量 num=1，红色 LED 点亮；num=2，黄色 LED 点亮；num=3，绿色 LED 点亮；num=4，红、黄、绿色三个 LED 全部点亮。

本项目没有使用面包板。触摸模块以及红绿灯模块使用的正负极，都是在程序中模拟出来的。同时采用模拟接口当做数字接口使用，A0 ～ A5 对应的数字接口顺序是 D14 ～ D20。

（2）电路原理图

如图 3-49-3 所示。

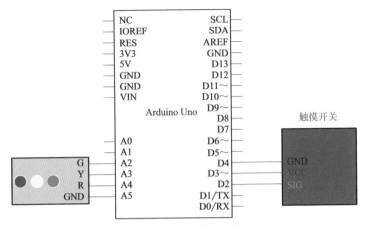

图 3-49-3 电路原理图

四、程序设计

```
int num;                        // 定义变量 num
void setup(  )
{
  pinMode(3,OUTPUT);
  pinMode(4,OUTPUT);
  digitalWrite(3,HIGH);
  digitalWrite(4,LOW);          // 以上将pin 3模拟为+5V, pin 4 模拟为GND

  for(int i=16;i<20;i++)        // 将pin 16～19(也就是A2～A5)设置
                                // 为输出模式
  {
    pinMode(i,OUTPUT);
  }
  digitalWrite(19,LOW);         //pin 19(A5)模拟为GND

  Serial.begin(9600);           // 串口初始化
  //attachInterrupt(0,zhongd,RISING);
  // 中断上升沿触发,本程序没有使用
}
void loop(  )
```

```
{
    int val=digitalRead(2);        // 采集 pin 2 高低电平, 并传给变量 val
    if(val==1)
    {
        delay(20);
        if(val==1)
        {
            num++;                  // 变量 num 累加
            if(num >=5)num=0;       // 当变量 num 大于等于 5, num 值为 0
            Serial.println(num);    // 串口打印变量 num
            showLed( );
            while(digitalRead(2)==1);
        }
    }
}
void showLed( )                    // 多彩 LED 点亮函数
{
    if(num==0)                      // 如果变量 num=0, 三个 LED 都熄灭
    {
        digitalWrite(18,LOW);
        digitalWrite(16,LOW);
        digitalWrite(17,LOW);
    }
    if(num==1)                      // 如果变量 num=1, 红色 LED 点亮
    {
        digitalWrite(18,HIGH);
        digitalWrite(16,LOW);
        digitalWrite(17,LOW);
    }
    if(num==2)                      // 如果变量 num=2, 黄色 LED 点亮
    {
        digitalWrite(18,LOW);
        digitalWrite(16,LOW);
        digitalWrite(17,HIGH);
```

```
    }

    if(num==3)                          // 如果变量 num=3，绿色 LED 点亮
    {
      digitalWrite(18,LOW);
      digitalWrite(16,HIGH);
      digitalWrite(17,LOW);
    }

    if(num==4)                          // 如果变量 num=4，三个 LED 全部点亮
    {
      digitalWrite(18,HIGH);
      digitalWrite(16,HIGH);
      digitalWrite(17,HIGH);
    }
}
```

串口显示（显示触摸次数），如图 3-49-4 所示。

图 3-49-4　串口显示

五、编程要点

程序中判断是否检测到高电平时，为了稳定起见，检测到高电平后，延时 300ms，即 delay（300），如图 3-49-5 所示，这是为了避免模块触摸时间过长，频繁切换状态。也可以采用按键防抖的方法，避免模块状态频繁切换。经过测试，采用后者实验效果更好。本项目还可以使用中断函数实现，有兴趣的同学

可以尝试动手制作。

```
void loop( )
{
 int val = digitalRead(2);// 采集pin 2高低电平，并传给变量val。
 if (val == 1)

    delay(300);
  //if (val == 1)
 // {
     num++;//变量num累加
     if (num >= 5)num = 0;//当变量num大于等于5，num值为0。
     Serial.println(num);//串口打印变量num
     showLed ( );
   // while (digitalRead(2) == 1);
   //}
 }
}
```

图 3-49-5　检测高电平后延时 300ms